免縫 生活風皮革雜貨

LEATHER GOODS PRETTY EASY TO MAKE

三悅文化

Introduction

序

以皮革打造的雜貨與包包等皮件作品，因充滿自然氛圍而魅力無窮、廣受喜愛。事實上，這類皮件作品「自己動動手就能完成」，然而知道這件事的人卻少之又少。皮革除具備漂亮質感、堅固耐用的特質外，更是「加工性絕佳」，是任何人都能輕易運用的素材。

皮革的加工特性一為裁切後即便直接使用，切口也不會像裁剪後的布料般出現綻邊現象。二為以俗稱「固定釦」的釦件就能固定皮革，或以皮繩連結孔洞進行滾邊，就能完成堅固耐用又實用的作品。由此可見，即便初學者也能馬上完成精美作品。

從五分鐘左右就能完成、作法真的很簡單的雜貨，到稍微複雜而製作起來比較有成就感的錢包與包包，本書將透過紙型與製作步驟，介紹22款富於變化、只需要「固定釦」與「皮繩滾邊」技巧就能組裝完成的作品。建議牢記前面章節中介紹的基礎技巧，積極地挑戰書中介紹的作品。

準備好必要的工具與材料，開始入門製作超簡單皮革小物吧！

Contents

目　錄

封面・作品Image Cut攝影＝梶原 崇（Studio Kazy Photography）

Chapter 1
送禮自用兩相宜的基本款皮革小物

六款堪稱皮革工藝王道的人氣皮件作品。
從輕輕鬆鬆就能完成的鑰匙套，
到稍微複雜而製作起來比較有成就感的長夾，
可配合心情與場合需要選用，
當然，實用度也好得沒話說。

Chapter 2

造型獨特的室內裝飾皮革雜貨

多發揮些巧思與多花一點時間，
即可活用皮革來完成各式各樣的室內裝飾雜貨。
自然又溫暖的皮革質感，
可當作點綴生活的重點裝飾。
請以自己最喜愛的皮革，
更廣泛地創作各種皮件作品。

Chapter 3

品味文具

文具是成年人工作時的必要武器，
有時候又是充滿療癒效果的好夥伴，
甚至像面會反映人們個性的明鏡。
將皮革打造的品味文具帶上街去，
又或悠閒地擺在家裡頭，
盡情地享受製作經典皮革小物的種種樂趣吧！

Chapter 4

最適合外出時使用的皮夾與皮包

最能發揮皮革素材特色的作品，
非收納用皮件莫屬。
皮革具備符合收納構造的良好加工處理的特性，
而且堅固耐用又實用性高，
還可作成外形精美漂亮的作品。
也不妨挑戰看看大型包包吧！

備妥工具與材料
立即開始製作超簡單皮革小物吧！

本書中介紹的作品，只要準備好皮革、皮繩、金屬配件等材料，
以及「超簡單！製作皮革小物的七樣工具」，
就能夠立即開始製作。使用的都是居家用品賣場、皮革材料行、
網購平台等就能買到，常用於製作皮件作品的材料與工具，
因此，心動不如馬上行動，趕緊開始準備吧！

製作過程

① 裁切皮料

② 組裝

依紙型以裁皮刀裁切皮料，裁好形狀後，於
指定位置斬打孔洞，即完成製作皮件的準備
工作。

組裝各部位後即完成作品。本書中介紹的
作品都是以「固定釦」金屬配件與「皮繩
滾邊」技巧完成，完全沒有使用到「縫
針」、「縫線」、「接著劑」。

超簡單！製作皮革小物的七樣工具

適合用於製作超簡單皮革小物的七樣皮革工藝專用工具。除這些工具外，請再準備裁切皮料的「裁皮刀」與「切割墊」。

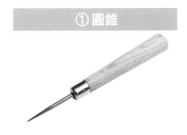
①圓錐

端部細尖的錐子狀工具，除了在皮料正面作點、線等記號，或鑽小圓孔等作業中使用外，還可用於壓住或壓入皮繩。用法多，使用起來很方便的工具。

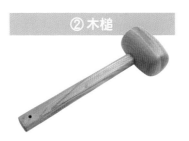
②木槌

敲打「圓斬」、「鈕斬」（後述）的工具。使用鐵鎚時易損傷工具，最好使用木製槌具。敲打皮革摺疊部位，或希望形成清晰摺痕等作業過程中也會使用。

③圓斬

將前端為圓形的刀刃部位抵在皮料的正面，以木槌敲打尾端，即可打上漂亮的孔洞。市面上可買到各種尺寸的圓斬，但本書中只用到「8號（2.4mm）」與「15號（4.5mm）」兩種圓斬。

④橡膠板

堅固耐用的硬質橡膠板。以圓斬打圓孔時，鋪在皮料底下的工具。若是切割墊等就不適合，因為質地太軟，鋪在皮料底下就會形成緩衝，而無法順利地打上孔洞。

⑤固定鈕斬〈大〉

將這款鈕斬的前端抵在固定鈕的面釦上，以木槌敲打尾端就能安裝固定住「固定鈕」。前端形狀渾圓，使用尺寸適中的鈕斬，安裝固定鈕時就不會破壞金屬配件。

⑥彈簧鈕斬〈小〉

用法如同固定鈕斬，用於安裝「彈簧鈕」的鈕斬。可分為前端呈內凹狀態的「公鈕用」，與呈外凸狀態的「彈簧用」兩種，通常都是兩把為一組成套販售。

⑦環狀台

使用固定鈕斬或彈簧鈕斬等工具時墊在底下的平台。中間有圓形凹洞，在裝配金屬配件的時候能將配件面釦置於此處，進行敲擊動作時就能在不傷及配件的情況下牢牢固定。

「七樣工具＋材料包」

包括本單元中介紹的七樣工具，皮革、皮繩等材料，以及金屬配件，超值又便利的專用材料工具組！

材料工具組內容

·圓錐	·固定鈕斬（大）	·皮革 CAMEL／焦茶色
·木槌	·彈簧鈕斬（小）	（A4尺寸 × 2片）
·圓斬 8號	·環狀台	·鹿皮繩 寬3mm
·圓斬 15號	·固定鈕（大）20個	（90cm × 3條）
·橡膠板（10×10cm）	·彈簧鈕（小）10個	

● 訂購資訊　TEL. 03-5474-6200　FAX.03-5474-6202
Mail stc@fd5.so-net.ne.jp　Web http://www.studio-tac.jp
或是搜尋『スタジオタック』！

〒151-0051
渋谷区千駄ヶ谷3-23-10 若松ビル2階
㈱スタジオタッククリエイティブ 販売部
担当:大島

※編註：上述為日本資訊，僅供讀者參考。讀者可至本地的皮革材料店購買相關工具即可。

皮革的選用要點

　　皮革種類非常多，質感也各不相同，因此第一次挑選時難免感到猶豫不決。事實上，只要是在居家用品賣場或皮革材料行購買，選用質地堅韌的皮革基本上就沒問題！一開始就透過網購等方式購買，不免難以想像皮革予人的感覺，因此建議親自前往販賣皮革的店家，實際地觸摸、仔細地確認，邊享受其中樂趣，邊尋找喜愛的皮革。

　　然而，市面上不乏太厚或太軟、製作本書的作品時並不適合採用的皮革，也是不爭的事實。因此，特別列出了挑選皮革的三大不敗要點，提供您作為挑選皮革時之參考。其次，書中介紹的作品中還包括以不同材質的皮革完成的作品，製作該類作品時，請參考製作步驟相關解說。

挑選皮革的 3 大不敗要點

①挑選堪稱王道的牛皮

②挑選張力適中的皮革

③挑選厚度約1.5mm的皮革

① 挑選堪稱王道的牛皮

皮革可大致分成「豬皮」、「馬皮」等種類，每一種皮革都別具特徵。最基本的皮革種類為「牛皮」，牛皮質地強韌、選擇較多，無論從哪一個方面考量，都非常值得推薦使用。挑選時必須特別留意「張力」與「厚度」（後述）。

> 建議挑選適合工藝創作時使用、厚1.0～2.0mm（豬皮厚度以0.8mm為限）的皮革。因為流通量較大，店家通常都備有不同質感、顏色、張力、大小的牛皮。

② 挑選張力適中的皮革

從質地柔軟宛如布料，到狀似木板具有相當厚度與張力的皮革，種類非常多，用途與製造方法也各不相同。張力適中，不會輕易地呈現扁塌現象，摺疊後出現摺痕的皮革，最適合皮革工藝創作時使用。建議實際地觸摸確認後選用。

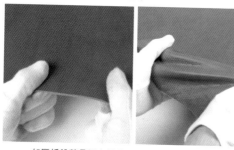

如厚紙般稍具張力的牛皮比較適合採用。圖右般柔軟得像布料，或一拉就延展的皮革，不太適合工藝創作時使用。

③ 挑選厚度約1.5mm的皮革

即便張力適中，牛皮質感還是會因為皮革太厚或太薄而不同。本書中以厚1.5mm的牛皮為主，最薄1.0mm、最厚2.0mm，請於此範圍內選用牛皮。

需要重疊好幾片皮革的部位等，若皮革太厚，可能出現難以彎摺而無法組裝等情形。反之，皮革太薄則易出現作品變形或耐用度較差等問題。

適合製作本書中推薦作品的皮革！

ARIZONA

皮革表面適度地處理出紋路（表面皺紋），充滿自然皮革風味，義大利生產的高級植鞣牛皮。張力與柔軟度均衡，厚度約1.5mm，使用範圍非常廣。

洽詢：協進エル
（03-3866-3221）

PIANO LEATHER

表面平滑無紋路的亮面皮革。適度地處理出高雅光澤與自然風格，潤澤的觸感使人心情愉悅。可欣賞到使用越久，色澤、光澤越漂亮的經年變化。

洽詢：クラフト社
（03-5698-5511）

皮繩（lace）的選法

材料店通常都備有不同種類、粗細、顏色的皮繩供顧客選購。基本上，任何種類的皮繩都適用，但須留意粗細度。本書中介紹的作品必須穿過8號（2.4mm）大小的孔洞，不放心的話，建議經過測試後，依據實際需要選購。

左到右為「牛皮繩」、「絨面豬皮繩」、「絨質牛皮繩」、「鹿皮繩」。質感各不相同，適合與皮革組合運用，完成更富有變化的作品。

本書中使用的金屬配件

本書中使用的金屬配件以「固定釦」與「彈簧釦」兩種為主。固定釦是兩個為一組的釦子狀金屬配件，以固定釦斬安裝後，就會緊緊地夾住皮革，不會輕易地鬆脫。彈簧釦是眾所周知，一按就會咔地扣合或分開的釦件。安裝方法都很簡單，練習個一、兩次就能掌握安裝的力道。除本書中使用的配件種類外，製作皮件作品時，也可能使用到其他種類的金屬配件，但都是皮革材料行就能買到的一般配件。

① 固定釦

由面釦與底釦兩個零件為一組。材料欄中記載的「1個」表示一組固定釦。固定釦有大小之分，本書中只使用「大（直徑9mm）」尺寸的固定釦。

底釦　　面釦

底釦　　面釦

上圖為正面形狀，下圖為背面形狀。將底釦插入皮料上的圓孔，穿出皮料的另一側後，再將面釦的孔洞蓋在底釦的尾端安裝固定。

② 彈簧釦

由面釦、彈簧、公釦、腳管四個零件為一組（＝1個）。彈簧的背面安裝面釦，公釦的背面安裝腳管。本書中只使用「小（直徑11.5mm）」尺寸的彈簧釦。

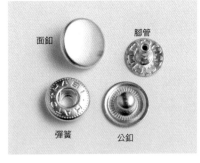

面釦　　　　　腳管

彈簧　　　　　公釦

以彈簧的凹處卡住公釦的凸起部位來扣合的裝置。安裝後，彈簧與面釦、公釦與腳管分別夾住皮料，以不同形狀的釦斬安裝固定的釦件。

※金屬配件的「大」與「小」等記載方式可能因廠牌而不同，請優先挑選有標示直徑mm的配件。

③ 圓環

結構很簡單的金屬環。建議依據書中記載選擇適當尺寸的圓環。亦可使用雙環等不同形狀的圓環。

④ D型環

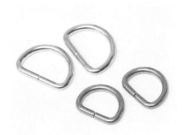

形狀像D的金屬環（環狀金屬配件）。以皮套環等套住直線部位後固定住。

⑤ 活動鉤

可藉由控桿打開或扣合鉤子的金屬環。輕易地就能打開，用法正確即可大幅提昇作品的實用性。

製作紙型

先利用書中附帶的紙型，製作堅固耐用、可實際使用的紙型。
影印時需留意有註記縮小50％的部分。

① 影印

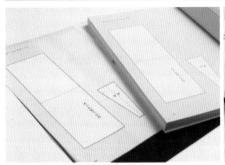
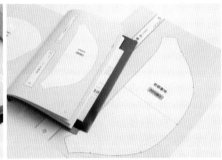

利用影印機，影印必要部位的紙型。註記「縮小50％」的部分，影印時必須設定為放大200％。除「托特包的包身」外，本書中提供的各部位紙型，都是能夠印在A3紙上的尺寸，因此可將紙型影印成一整張。

② 黏貼在厚紙上

影印後適度地裁切掉多餘的部分，背面塗膠後，黏貼在厚紙上。塗抹液體膠料時，易因紙張膨脹而變形，因此建議使用口紅膠或噴劑類型的膠料。厚紙部分可使用裝糕點的紙盒等，任何厚紙都適用。

③ 切割

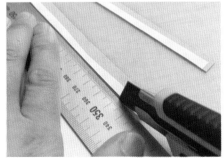

沿著最外側的輪廓線切割。直線部分沿著直尺慢慢地切割。想一口氣完成切割時，易因裁切力道太大而使美工刀的刀刃偏離位置，避免太用力，多分幾次慢慢地切割，就能正確地切割紙型。

裁切皮料

準備紙型後，在皮料上畫線，描上各部位形狀，再沿著畫線處裁切皮料。使用銳利的刀具，即可裁切得整齊漂亮，以美工刀裁切皮料時，需適時地折掉刀刃以維持銳利度。

① 將紙型上的形狀描在皮料上

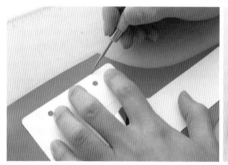 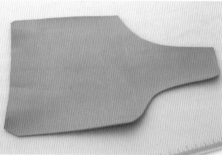

將紙型疊在皮料的正面，確實壓住以免紙型錯開位置，以錐子沿著輪廓描上形狀。錐子尖端輕輕地抵著皮料正面，慢慢地滑動錐子，描上淡淡的線條即可。太用力地刮動皮料，可能導致皮料正面留下刮痕，需留意。

Point

描繪紙型時的便利工具「文鎮」

描繪形狀時以手按壓紙型，導致紙型偏離位置的情形很常見。以手工藝用文鎮壓住紙型，即可更輕鬆地完成描線作業。

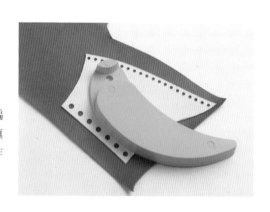

② 裁切皮料

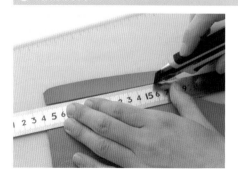 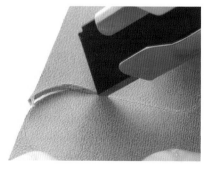

沿著步驟①描在皮料上的線條，慢慢地裁切皮料。直線部位沿著金屬製直尺，即可裁切得整齊漂亮。裁切曲線部位時，儘量使用美工刀的刀尖，沿著曲線小幅度地切割，即可輕鬆地完成裁切作業。

Point

裁切小弧度曲線部位的兩個小訣竅

不管技巧多麼純熟,要將小弧度曲線部位裁切得很平整,是非常困難的作業。處理這類部位時,請使用可進行細微切割的「精密雕刻刀」,或分成數次修成漂亮曲線的裁切方法。

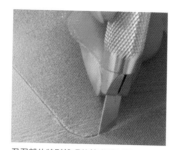

刀刃部位特別精巧的精密雕刻刀,是利於處理小弧度內凹曲線部位的工具。以刀柄為軸心,轉動刀刃部位去切割,就能自由自在地完成小弧度曲線部位的裁切作業。

先進行45度直線切割,再切掉兩個角,少量多次切掉邊角部位的裁切方法。多練習幾次,就能完成令人驚嘆的漂亮曲線。

③ 轉印記號

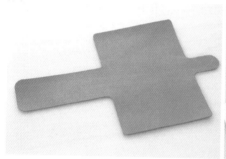

紙型上明確標示出斬打圓孔的位置。先以圓斬打好紙型上的孔洞,再將紙型疊在各部位皮料上,然後將圓斬刀刃抵在記號上,清楚地壓上斬打圓孔的位置。書中各別使用8號(2.4mm)與15號(4.5mm)兩種圓斬,需留意。

④ 斬打圓孔

將圓斬瞄準步驟③以刀刃壓上記號的位置,以木槌敲打圓斬,打上圓孔。斬打力道太大時,可能因刀刃嵌入橡膠板而打上太大的孔洞,建議分成2~3次斬打,審慎地拿捏斬打力道。

安裝金屬配件

部分圓孔會安裝固定釦或彈簧釦。安裝步驟很簡單，但斬打力道太大時，易導致金屬零件變形，太弱時則無法確實固定住。建議安裝前多試幾次，掌握斬打力道後牢牢記住。

① 固定釦

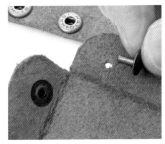

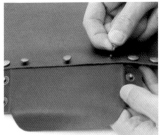

由安裝孔的背面側插入固定釦的底釦（插入部位稱「釦腳」）。插入到底後，就會看到穿出另一側的釦腳端部，將面釦上的孔洞蓋在釦腳上，即可安裝固定。

用手壓入至相當程度後，固定釦就會發出咔聲而鎖住，呈現暫時固定的狀態。安裝複數固定釦時，先暫時固定，組合後再以釦斬依序固定。

固定釦底下擺放環狀台後，將釦斬抵住固定釦。一手支撐釦斬呈垂直狀態，一手以木槌敲打釦斬尾端，促使內部的釦腳變形，即可鉚合固定釦。避免一次就完成安裝，分成幾次慢慢地打入，即可更順利地安裝固定釦。

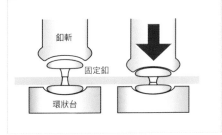

安裝固定釦的示意圖。重點是環狀台、釦斬的凹處與固定釦的曲線完全密合。固定釦確實夾住皮料後，才可緊緊地固定至必須費一番功夫才能破壞的程度。

Point

獨門秘技 「環狀台背面的應用」

創作皮件作品時，通常使用環狀台的凹面側。但事實上，背面的平面側也很有用處。刻意地將固定釦的弧形部位處理成平面狀，即可有效地降低釦件的厚度。

固定釦底下擺放環狀台時，背面的平面狀部位朝上即可，不需要特別的技巧。

如上圖中作法，配合平面狀部位，將固定釦的突出部位壓成扁平狀，即可降低釦件的厚度。

② 彈簧釦──彈簧與面釦

使用釦斬的凸出部位。凸出部位為削掉圓形兩側的特殊形狀，與彈簧孔洞形狀一致。因此，使用時必須配合方向再插入至底部。

面釦朝下，擺在環狀台的凹處，釦腳穿出皮料的正面後，將彈簧的孔洞蓋在釦腳的端部即可安裝。避免卡到內部的彈簧，需插入釦斬的凸出部位，並以木槌敲打釦斬尾端即可固定住。敲打時避免力道太大，以免彈簧表面被敲成平面狀，導致扣合公釦的力道變弱。

③ 彈簧釦──公釦與腳管

使用釦斬的內凹部位。公釦中央的凸出部位確實插入孔洞中，敲打釦斬時就不會將釦件敲到扁掉。

由皮料背面的釦件安裝位置插入腳管，穿出皮料正面後，將公釦蓋在腳管的端部，支撐釦斬呈垂直狀態下，以木槌敲打釦斬後固定住釦件。

④ 確認安裝後情形

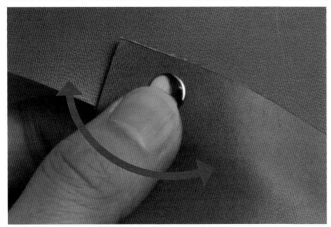

固定釦、彈簧、公釦安裝不確實的狀態下，若繼續使用可能導致釦件鬆脫。以手指夾住釦件，試著往旋轉方向轉動，確認釦件是否安裝得很牢固。將釦件固定到徒手無法轉動的狀態後，就能安心地使用。安裝後釦件依然會亂動時，建議再以釦斬敲打固定，並再次確認安裝情形。

皮繩滾邊

皮革上斬打孔洞後穿繞皮繩，將各部位組合在一起的作業稱「皮繩滾邊」。本書中介紹的這項作業，完全沒有使用到任何工具，直接將尾端削尖的皮繩穿過孔洞而已，作法非常簡單。皮繩的粗細度以穿過8號（2.4mm）孔洞時，感覺有點阻力為宜。選用皮繩時，還必須考量整體外觀上的協調美感。

① 準備皮繩

 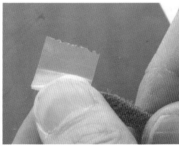 

皮繩尾端斜切成細尖狀態後，剪一小塊透明膠帶緊緊地纏住，進行補強後，即完成準備工作。尾端纏膠帶的皮繩感覺很像鞋帶。若纏繞的透明膠帶太粗，可能會無法穿過孔洞，因此選用一小段即可。

② 皮繩滾邊

 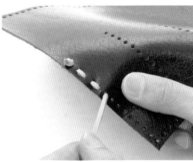

本書中登場的皮繩滾邊方式，可分成將皮料邊緣處理成螺旋狀的「螺旋狀皮繩滾邊」（左圖），以及皮繩穿繞皮料正面與背面後處理成波浪狀的「波浪狀皮繩滾邊」（右圖）兩種類型。書中介紹的作品都有附上圖片，製作步驟中也會詳盡解說。

③ 皮繩的固定方法

皮繩尾端的處理方式，大致分成藏入皮料之間的縫隙中，或穿入滾邊皮繩底下後固定住兩種方法。製作步驟中也都會附上圖片，並詳細地解說。

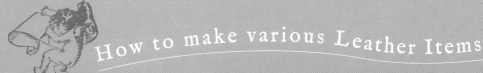

How to make various Leather Items

作法與紙型

以下章節中除了附上各項作品的紙型，
一一列出製作步驟外，還詳細記載著最適
合採用的皮革、可製作得更精美的要點
等，附有各種補充資訊，希望讀者多加參
考。建議您不妨放鬆心情，從最喜愛的作
品開始挑戰吧！

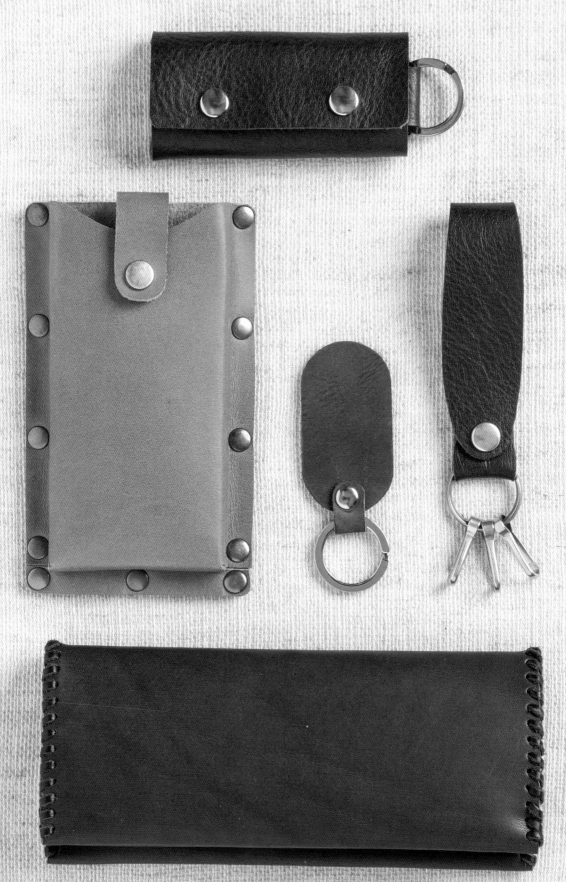

Chapter 1

送禮自用兩相宜的
基本款皮革小物

本單元中收集了六款非常適合當作暖身練習的超人氣基本款皮件作品。造型簡單、老少咸宜的設計，也很適合當作禮物送人。

鑰匙套

毫不起眼的鑰匙，

套上皮套後就光彩倍增，

搖身一變成為令人愛不釋手的皮件作品。

作法很簡單，

建議初學者也不妨抱著輕鬆愉快的心情，

動手挑戰看看。

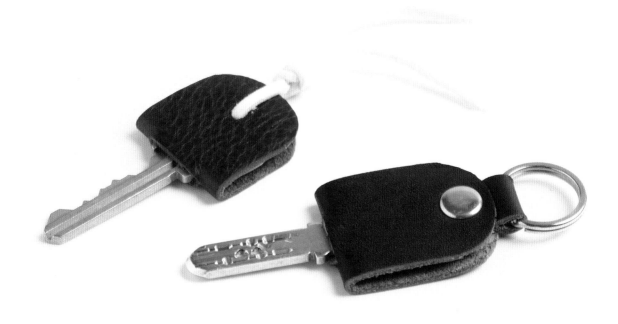

各式各樣的鑰匙，套上喜愛的同色或不同色皮革都很有趣。最令人開心的是，只要一小塊邊角皮料就能輕易製作，初學者也能輕鬆地駕馭。

紙 型 Pattern

●皮革……植鞣牛皮（厚1.5mm）

其他材料（鑰匙套A）
· 皮繩（鹿皮繩／ 寬約2mm）
　　　　　　　　……長約10cm

鑰匙套 A

15號　　　　　　15號

鑰匙套 B

本　體　　　　　　　　環套皮料

其他材料（鑰匙套B）
· 圓環（內徑約12mm）…… 1個
· 固定釦…… 1個

※未註記的圓孔為8號（2.4mm）。

Advice

作法非常簡單，建議初學者不妨作為邁出皮件
製作的第一步。就算切口隨性、形狀左右不對
稱，感覺也很獨特，不習慣裁切皮料的人也不
用害怕，請輕鬆愉快地挑戰！任何皮革都適
用，但考量到強度，還是儘量避免採用太軟或
容易延展的皮革。張力適中、不容易延展的植
鞣牛皮等，就很適合採用。

組 裝 Assembly

步驟 鑰匙套A

① 依紙型裁切皮料後，斬打4.5mm的圓孔。

　Check! 將裁好的皮料對摺後斬打孔洞，一次就能打上兩個孔洞，而且打在左右對稱的位置。

② 皮料中央（摺雙處）劃切長8mm的細縫。

　Check! 配合鑰匙寬度，微調細縫的長度。

③ 將鑰匙插入細縫，將皮繩穿過孔洞後打結。

完 成 ！

步驟 鑰匙套B

① 本體中央劃切長8mm的細縫。

② 將圓環穿過環套皮料。

③ 以本體夾住正中央對摺的環套皮料。

④ 以固定釦貫穿本體與環套皮料上的孔洞，敲打釦斬後固定住。

完 成 ！

Point

製作喜愛的造型吧！

接下來介紹可配合自己的鑰匙形狀或大小，造型可愛的鑰匙套紙型作法。大小約40×100mm的皮塊，就足夠作一個鑰匙套。

01

準備面積大約鑰匙頭2倍以上的皮料，使用大一點的零頭皮料也OK。

02

準備大小充分的厚紙，對摺成兩半，將鑰匙的頭部擺在摺雙側，畫線描上喜歡的形狀。

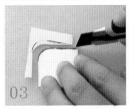

03

厚紙摺雙狀態下，沿著線條裁切。先裁切其中一側，縱向對摺後，再沿著同一條線裁切，就能裁成左右對稱的漂亮形狀。

Key Holder
鑰匙圈

造型超簡單的橢圓形鑰匙圈A，

與安裝環套的鑰匙圈B。

環套皮料端部以彈簧釦固定住，

因此可吊掛在皮帶等用品上。

可安裝自己喜愛的金屬配件，

不妨多花些心思到店裡好好地選購一番。

上圖是使用雙重環（內徑約25mm），環上套著3個俗稱「鑰匙活動鉤」的金屬配件。是一件外型簡單，使用起來很方便的獨特作品。金屬配件可自由組合搭配。

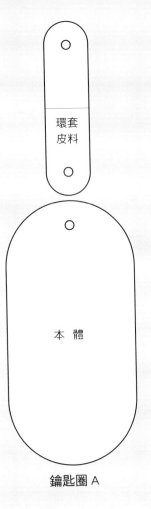

環套
皮料

本　體

鑰匙圈 A

鑰匙圈 B

●皮革……植鞣牛皮
（厚1.5～2.0mm）

其他材料（鑰匙圈A）
- 固定釦……1個
- 圓環（內徑約23mm）……1個

其他材料（鑰匙圈B）
- 彈簧釦……1個
- 圓環（內徑約25mm）……1個
- 鑰匙活動鉤……3個

15號

※未註記的圓孔為8號（2.4mm）。

組 裝 Assembly

步 驟 鑰匙圈A

① 將圓環套在環套皮料上。

② 摺起環套皮料後夾住本體，對齊圓孔位置。

③ 以固定釦固定住。

完 成 ！

步 驟 鑰匙圈B

① 依紙型裁切皮料，將鑰匙活動鉤套入圓環，準備好金屬配件。

② 摺起皮料上端後對齊孔洞位置，插入彈簧釦的腳管。事先將金屬配件套入摺雙部位。

③ 將公釦蓋在腳管上，敲打釦斬後固定住。

④ 將彈簧與面釦安裝在另一端的孔洞上。安裝後彈簧會與先前安裝的公釦位於同一面。

完 成 ！

Advice

構造很簡單，初學者也能輕鬆駕馭的作品。鑰匙圈A的本體部分可變換設計，作成自己喜歡的形狀，不妨發揮巧思作成星形、心形等造型。希望將鑰匙圈B吊掛在皮帶等物品上使用時，最好選用質地堅韌又不容易延展的皮革。建議採用厚度為1.8～2.0mm的植鞣牛皮。

Key Case
鑰匙包

可一口氣整理好幾把鑰匙，
效率佳、使用方便的鑰匙包。
使用手工藝店或皮革材料行買回的
「鑰匙圈金屬配件」製作而成。
安裝吊掛用環狀配件，
大大地提昇使用方便性。

將環狀配件收到鑰匙包裡,外觀上更簡單俐
落。皮革質感完全呈現在眼前,選用喜愛的皮
革更令人愛不釋手。

●皮革……植鞣牛皮（厚1.5～1.8mm）

其他材料

- 鑰匙圈金屬配件…… 1個
- 圓環（內徑約24mm）…… 1個
- 固定釦…… 1個
- 彈簧釦…… 2個

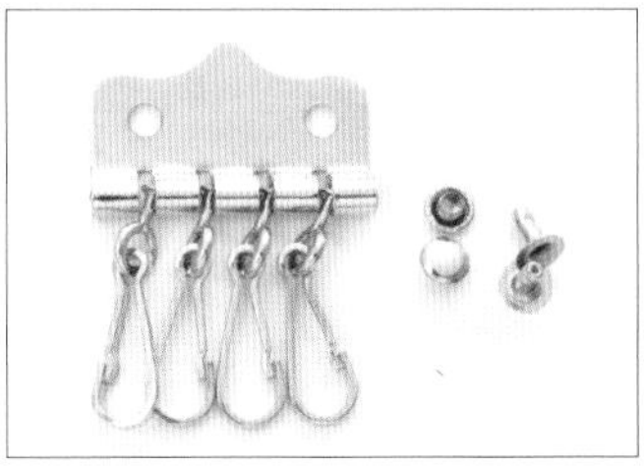

可使用寬30～40mm的鑰匙圈金屬配件。
購買的配件通常都會附帶安裝用固定釦
（小）。附帶的釦件以固定釦（大）的
釦斬就能安裝。

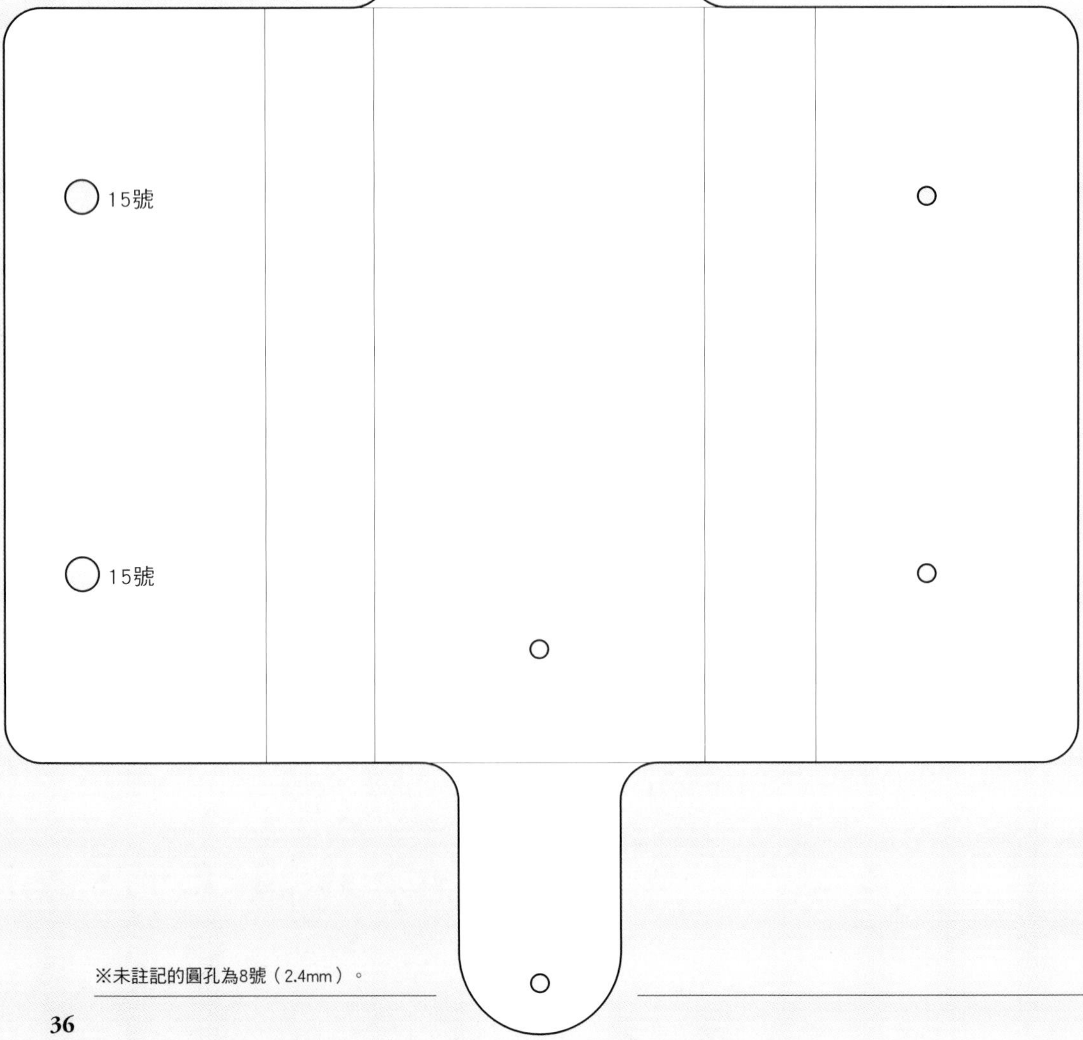

15號

15號

※未註記的圓孔為8號（2.4mm）。

組 裝 Assembly

構造為一整片皮革,組裝方法簡單、外型素雅的作品。商品齊全的店家,通常都會準備好幾種顏色的鑰匙圈金屬配件供顧客挑選,建議統一固定釦、圓環等的顏色,盡情地享受配件與皮革的色彩搭配樂趣。紙型上呈現內角的部分,使用精密雕刻刀裁切會更輕鬆。

步 驟

① 依紙型裁切皮料,準備金屬配件。

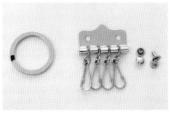

② 將大面積突出部位往內摺,將鑰匙圈金屬配件擺在距離摺雙部位約1mm處,選定安裝位置。決定好之後,以圓錐作記號標出安裝孔的中心點。

③ 以點狀記號為中心,斬打2.4mm的圓孔。

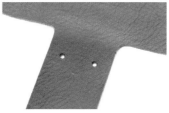

④ 由皮料背面插入鑰匙圈金屬配件附屬的固定釦底釦,由正面插入鑰匙圈金屬配件與面釦。

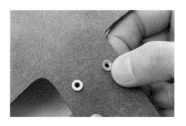

⑤ 敲打釦斬，固定住安裝用固定釦。以大固定釦用釦斬也能安裝固定，但使用時必須拿捏敲打力道，邊敲打邊觀察安裝情況，以免面釦部分敲打過度。

⑥ 將固定釦的底釦，由皮料正面插入中央下部的孔洞，然後穿過皮料背面突出部位的孔洞。

⑦ 摺起下部的凸出部位，套入圓環後，將底釦插入孔洞。蓋上面釦後，敲打釦斬以固定住釦件。

⑧ 將彈簧釦的公釦與腳管，插入兩側孔洞中孔徑較小（紙型右側）的孔洞後固定住。安裝後公釦位於皮料正面。

⑨ 孔徑較大的另一側孔洞，則安裝彈簧釦的彈簧與面釦。安裝後彈簧位於皮料背面。

完 成！

Coin Case
零錢包

以略帶弧度的木桶狀外型為最大特徵，

造型簡單素雅的零錢包。

本體呈鼓起狀態，收納能力超乎想像。

打開蓋子就能清楚地確認零錢，

付錢時不必手忙腳亂。

以可愛造型與深藏不露的實用性為最大魅力。

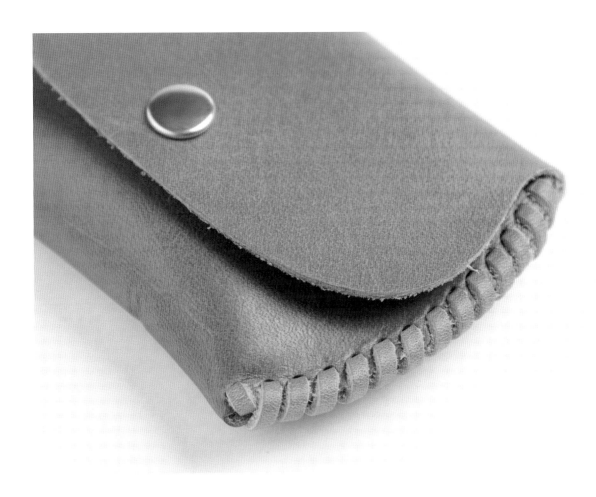

本體與蓋子都處理成圓弧狀，兩側的皮繩滾邊
是設計上的最大特色。建議以主要皮革和皮
繩，盡情地享受色彩搭配的樂趣。

紙 型 Pattern

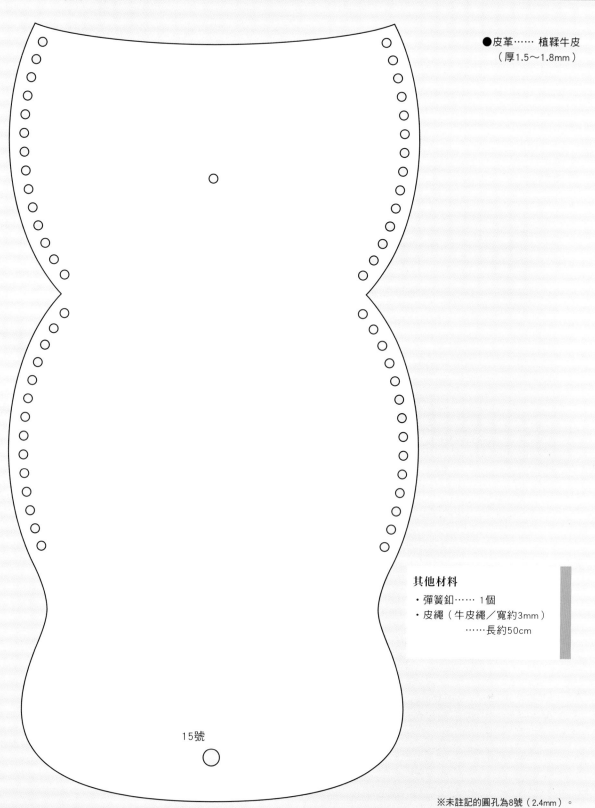

●皮革······ 植鞣牛皮
（厚1.5～1.8mm）

其他材料

· 彈簧釦······ 1個
· 皮繩（牛皮繩／寬約3mm）
　　······長約50cm

15號

※未註記的圓孔為8號（2.4mm）。

組 裝 Assembly

步 驟

❶ 依紙型裁切皮料。

❷ 斬打位在皮料中心的小孔洞，安裝公釦與腳管（安裝後公釦位於皮料正面），大孔洞則安裝彈簧與面釦（安裝後彈簧位於皮料背面）。

❸ 對齊兩側孔洞去對摺皮料後，由包蓋側朝著底部方向進行皮繩滾邊。皮繩滾邊起點的皮料正面預留皮繩端部約10mm，展開螺旋狀皮繩滾邊作業時，先夾住皮繩端部。

❹ 固定住皮繩端部後，直接進行螺旋狀皮繩滾邊。

❺ 皮繩依序滾邊穿繞至最後一個孔洞後，將皮繩端部壓入皮革之間的縫隙裡。用手無法壓入時，可以利用錐子慢慢地壓入。

❻ 由本體內側拉出皮繩端部後拉緊。滾邊處理得不夠紮實時，稍微拉緊皮繩，調整至完全沒有留下縫隙。

❼ 拉緊皮繩後，於本體內側預留10mm左右後剪斷皮繩。另一側也進行皮繩滾邊，呈左右對稱的狀態。

完 成 ！

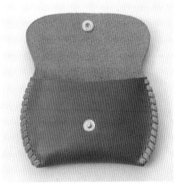

Advice

以描繪柔美曲線的外型為最大特徵，好好地裁切皮料吧！使用銳利的刀具，即可更順利地完成裁切作業。使用美工刀時，適時地折斷刀刃以維持銳利度。兩側邊進行皮繩滾邊時，以相同的力道拉緊皮繩，即可處理出整齊漂亮的滾邊狀態。

Smart Phone Case
手機包

可完全裝入手機的專用包。

以固定鈕為重點裝飾，特徵為稍微硬挺的外觀。

加上可防止手機掉出的扣帶，

於端部安裝上彈簧鈕，輕輕鬆鬆就能打開或扣合。

背面安裝圓環或D形環，

就可以吊掛在腰間等部位。

背面安裝夾層，可擺放好幾張卡
片。圓環（或D形環）裝上鉤環等，
使用起來更便利。

●皮革…… 植鞣牛皮（厚約1.5mm）

後包身

※寬68mm，高140mm，厚約10mm，可收納手機。

其他材料

- 固定釦…… 13個
- 彈簧釦…… 1個
- D形環（內徑約21mm）或
  圓環（內徑約24mm）
  …… 1個

整個圓環都有弧度，
所以尺寸必須大於D
形環，否則無法套入
環套皮料。

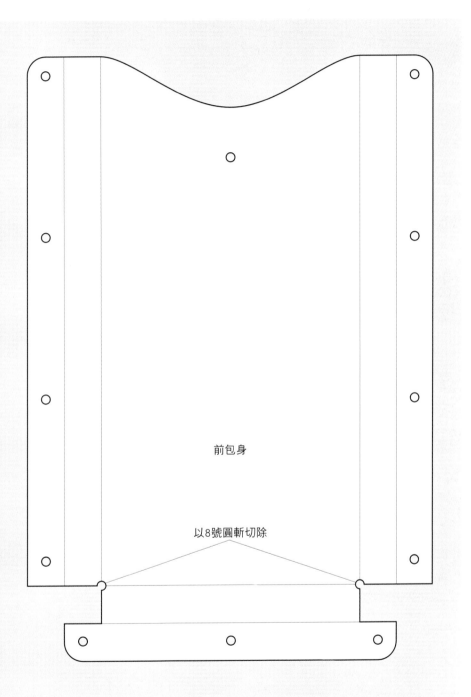

前包身

以8號圓斬切除

※未註記的圓孔為8號（2.4mm）。

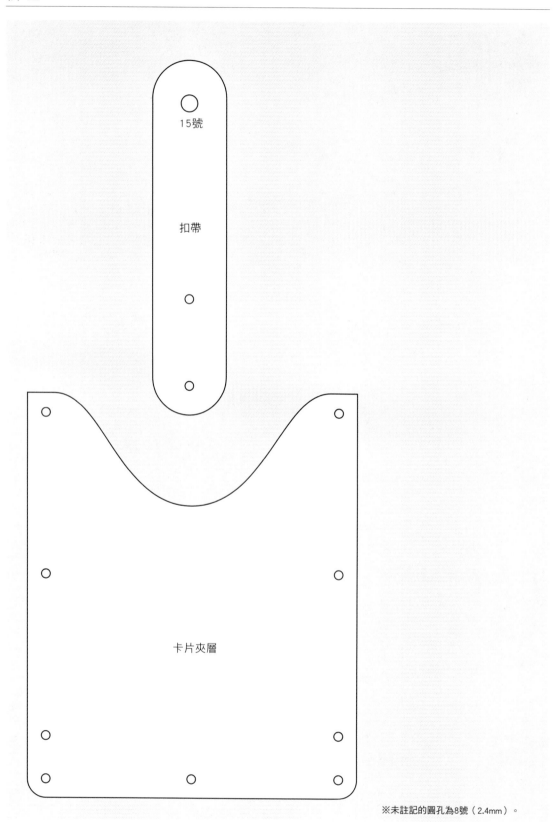

15號

扣帶

卡片夾層

※未註記的圓孔為8號（2.4mm）。

組 裝 Assembly

步 驟

1 將彈簧釦的公釦與腳管，插入「前包身」皮料中央上部的圓孔後固定住。安裝後公釦位於皮料正面。

2 將彈簧釦的彈簧與面釦，插入扣帶部位的大圓孔（15號）。安裝後彈簧位於皮料背面。

3 安裝彈簧釦後狀態。

4 扣帶上還剩下2個孔洞，將靠近端部的孔洞，與「後包身」皮料中央的第二個孔洞對齊，插入固定釦後暫時固定住。兩者間夾入圓環（或D形環），上方的孔洞同樣插入固定釦後暫時固定住。由於孔洞間隔不一樣，因此扣帶會鼓起，形成安裝圓環的空間。

5 敲打釦斬，安裝先前暫時固定的2個固定釦。

6 沿著線條，摺彎前包身皮料，形成擺放手機的形狀。

7 對齊前、後包身皮料周圍的孔洞,每個孔洞都插入固定釦後暫時固定住。前包身皮料較大,因此可形成擺放手機的空間。

8 敲打釦斬,分別安裝固定釦。

Point

背面的卡片夾層

請依喜好追加卡片夾層。組合前、後包身皮料時,多重疊一片皮料,再插入固定釦後依序完成組裝。

於後包身皮料上,多疊一片卡片夾層皮料後組裝。

Advice

只要對齊安裝固定釦的孔洞位置後組裝,就會自然地形成圖中形狀,因此作法很簡單。彈簧釦必須於組裝包身部位前安裝,不然之後就無法安裝,需留意。擔心放入手機後會刮到固定釦的人,建議組裝前先於皮料背面黏貼布料。黏貼時請使用布用膠料。

Long Wallet
長夾

皮件作品中人氣頗高的長夾。

利用皮繩滾邊技巧與固定釦安裝技巧即可完成組裝，

但若再加上附有袋蓋的零錢袋、

兩個鈔票夾與四個卡片夾，就會更完備。

卡片夾層中段部分刻意地露出皮革背面，

成為設計造型上的重點裝飾。

組裝側片而可大大地敞開包身的大容量零錢
袋，且本體兩側都設有擺放紙鈔的夾層。兩
層由中間隔成左右兩邊的卡片夾層，總共可
擺放四張卡片。

●皮革…… 植鞣牛皮（厚1.0～1.5mm）

本　體

上

縮小 50%

※未註記的圓孔為8號（2.4mm）。

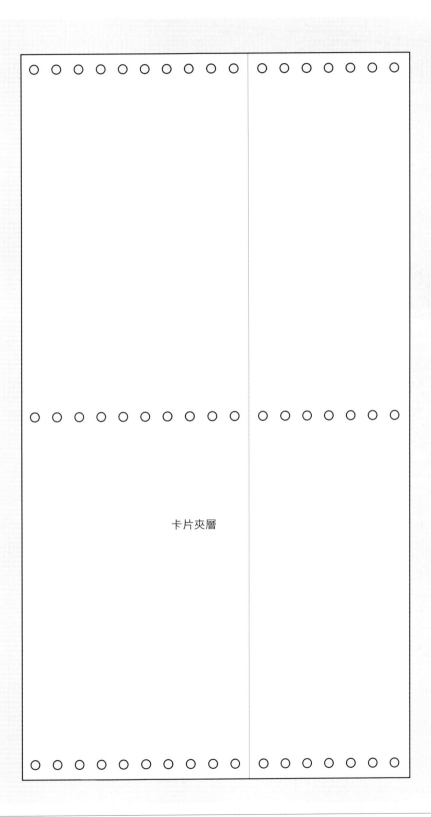

卡片夾層

縮小 50%

○ 15號

零錢袋

其他材料

・固定釦…… 4個
・彈簧釦…… 1個
・皮繩（牛皮繩／ 寬2〜3mm）
　　　　　……長約100cm

※未註記的圓孔為8號（2.4mm）。

組 裝 Assembly

步 驟

1 依紙型裁切皮料後斬打圓孔。

2 對齊紙型的摺線，將卡片夾層正面朝內（正面位於內側）摺疊，以木槌敲打，確實地處理出摺痕。

3 摺疊本體皮料的摺線，兩部分都是背面在內側。以木槌敲打，確實地處理出摺痕。

4 處理零錢袋的兩個側片部位，基部往內摺，端部則往外摺。以木槌敲打，確實地處理出摺痕。

5 處理零錢袋的底部與袋蓋基部，微微地摺出摺痕即可，不需要以木槌敲打。

6 將彈簧釦的彈簧與面釦，插入零錢袋的袋蓋孔洞（15號）。安裝後彈簧位於皮革背面。

7 將彈簧釦的公釦與腳管，插入另一側的孔洞。安裝後公釦位於皮革正面。

8 零錢袋的上、下分別安裝彈簧釦後的狀態。

⑨ 於本體皮料上部斬打並排成長方形的孔洞,由背面插入固定釦的腳管後,對齊孔洞,組裝零錢袋。皮料正面相對疊合之後,依紙型上的箭頭方向對齊皮料。

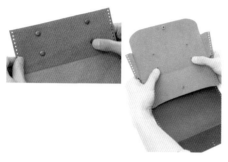

⑩ 將固定釦的面釦插在腳管端部。

⑪ 敲打釦斬以安裝固定釦。使用環狀台的平面側,將固定釦的背面處理成平面狀。

 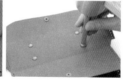

⑫ 組合本體與零錢袋後的狀態。組裝時方向必須正確。

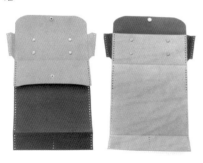

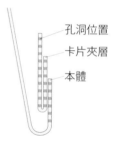

孔洞位置
卡片夾層
本體

⑬ 零錢袋的另一側組裝卡片夾層。分別錯開3孔,以便對齊孔洞,完成兩層卡片夾層(參考上圖)。

⑭ 將裁切成長約15cm的皮繩尾端打結,再將前端穿過卡片夾層中央上端的孔洞,由皮料背面穿出正面。

⑮ 皮繩交互穿繞皮料正面與背面後,完成波浪狀皮繩滾邊。

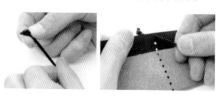

⑯ 穿至最底下的孔洞後,皮繩會正好穿出背面側,儘量靠近底部打結固定住。

⑰ 以木槌敲扁打結處,避免組裝後形成厚度。

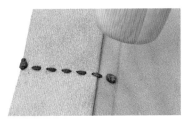

⑱ 開始進行零錢袋兩側的皮繩滾邊,處理成袋狀(照片的紅線部分)。

⑲ 皮繩由內往外(側片部分)穿繞過最上方的孔洞,後端預留15mm左右(上圖)。預留的後端部分繞過上部後,位於側片處(中圖)。前端直接穿過孔洞,依序進行螺旋狀皮繩滾邊,就會捲住後端而固定住(下圖)。

⑳ 最後一如往常進行螺旋狀皮繩滾邊。

㉑ 處理最後的兩個孔洞時，先放鬆皮繩，避免完全拉緊皮繩，再將皮繩前端藏入下方。

㉒ 慢慢地拉緊先前放鬆的部分。

㉓ 完全拉緊後固定住，再由基部修剪掉皮繩。另一側也以相同要領進行皮繩滾邊。

㉔ 接著進行本體兩側的皮繩滾邊，完成紙鈔夾層（圖中以紅線圈起的部分）。

㉕ 由外側往內側，將皮繩穿過卡片夾層側端部的孔洞，然後把預留15mm左右的後端壓入縫線間。

㉖ 皮繩繞過側邊，穿過下一個孔洞後拉緊，以便束緊壓入皮繩端部的縫隙。

㉗ 直接將邊緣處理成螺旋狀皮繩滾邊狀態。

㉘ 皮繩滾邊至最後一個孔洞後，先放鬆皮繩，接著將皮繩的前端壓入縫隙間。

㉙ 將手指伸入紙鈔夾層中，拉緊皮繩，調整皮繩滾邊部位的形狀。確實固定皮繩後，修剪掉穿出紙鈔夾層內的多餘皮繩。

完 成！

Advice

設有許多夾層的錢包，構造比其他作品複雜。建議邊組裝，邊深入了解組裝方法。皮革重疊片數與摺彎部位較多，使用太厚的皮革就無法組裝。建議使用厚度介於1.0～1.5mm之間，質地堅韌又張力適中的植鞣牛皮。

Chapter 2

造型獨特的
室內裝飾皮革雜貨

本單元中將介紹五款適合妝點生活空間的皮革雜貨。多製作幾個
不同顏色的款式，盡情地享受讓人愛不釋手、造型又甜美可愛的
作品製作樂趣吧。

Tissue Cover
面紙盒

以皮套包覆充滿生活感的面紙盒，
完成洋溢自然氛圍的作品。
本單元中將介紹兩種類型的紙型，
盒裝類型的大尺寸以及袋裝類型的小尺寸。

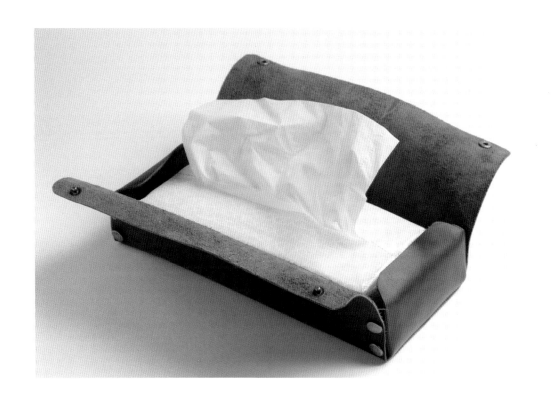

底部以固定釦固定，側邊與上部等其他部位則以
彈簧釦固定住。打開所有的釦件後，可完全攤成
平面狀，因此不使用時一點也不會佔空間。但需
留意避免弄錯彈簧釦的方向。

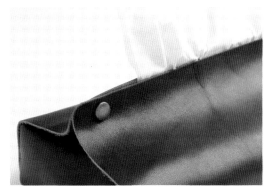

紙 型 Pattern

●皮革…… 植鞣牛皮（厚1.2～1.5mm）

盒裝類型

使用尺寸範圍大約高70mm，
寬130mm，長230mm。

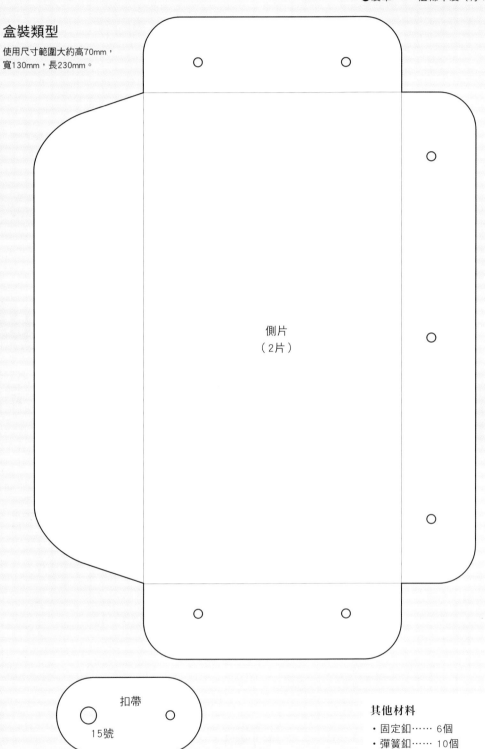

側片
（2片）

扣帶

15號

其他材料

· 固定釦…… 6個
· 彈簧釦…… 10個

※未註記的圓孔為8號（2.4mm）。

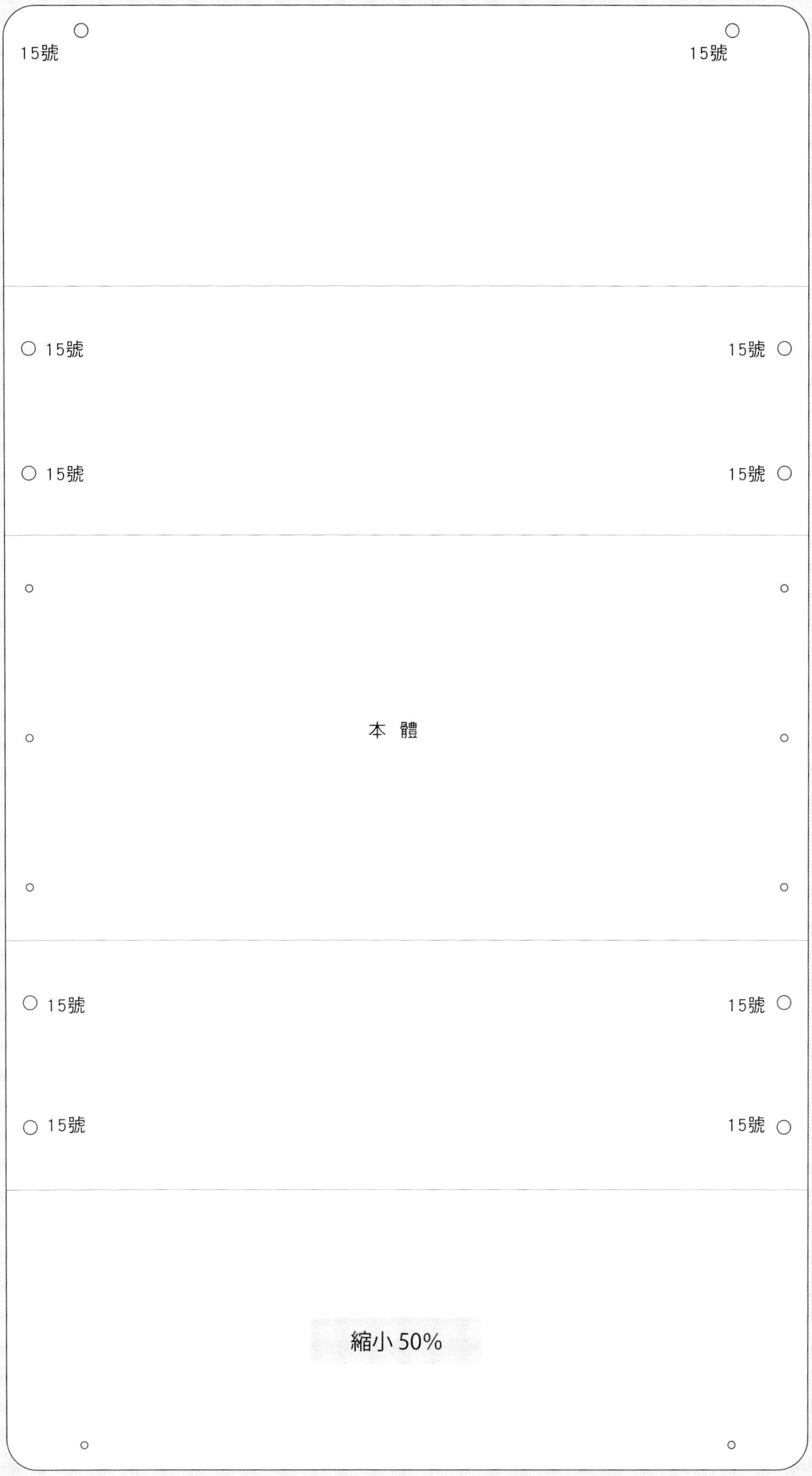

15號 15號

○ 15號 15號 ○

○ 15號 15號 ○

本 體

○ 15號 15號 ○

○ 15號 15號 ○

縮小 50%

袋裝類型

使用尺寸範圍大約高50mm，
寬110mm，長220mm。

●皮革…… 植鞣牛皮（厚1.0～1.5mm）

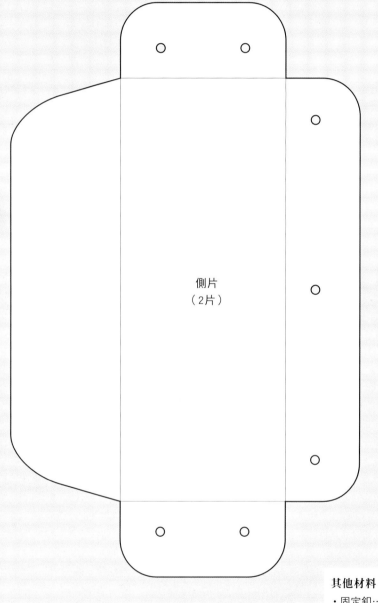

側片
（2片）

其他材料

・固定釦…… 6個
・彈簧釦…… 10個

※未註記的圓孔為8號（2.4mm）。

○
15號　　　　　　　　　　　　　　　　　　　　　　○
　　　　　　　　　　　　　　　　　　　　　15號

○ 15號　　　　　　　　　　　　　　　　　15號 ○

○ 15號　　　　　　　　　　　　　　　　　15號 ○

○　　　　　　　　　　　　　　　　　　　　　　○

　　　　　　　　　　　本　體

○　　　　　　　　　　　　　　　　　　　　　　○

○　　　　　　　　　　　　　　　　　　　　　　○

○ 15號　　　　　　　　　　　　　　　　　15號 ○

○ 15號　　　　　　　　　　　　　　　　　15號 ○

縮小 50%

○　　　　　　　　　　　　　　　　　　　　　　○

組 裝 Assembly

步 驟

① 朝著皮料背面摺疊凸出的側片部位，以木槌等敲打處理出摺痕。

② 將公釦與腳管插入側片兩側的孔洞。安裝後公釦位於皮料正面。

③ 將彈簧釦的彈簧與面釦，插入本體兩側的孔洞（底面的固定釦安裝孔除外），安裝後彈簧位於皮料背面。其次，端部孔洞的其中一側安裝彈簧與面釦，另一側安裝公釦與腳管。安裝後，公釦與面釦分別位於皮料背面。

④ 由側片背面插入固定釦的底釦，與本體的孔洞對齊，蓋上面釦後安裝固定。將側片安裝於兩側。

完 成！

Advice

構造很簡單，但釦件數量較多，因此需避免弄錯釦件的安裝位置與方向。指定使用厚1.0～1.5mm的皮革。建議使用較薄或具柔軟度的皮革。使用厚實的皮革時，邊角部位很難處理出柔美造型。

Point

壁掛用掛鉤

先依紙型裁切「掛鉤」部分的皮料，安裝底面中央的固定釦時，夾在本體與側片之間，即完成可掛在牆上的便利掛鉤。

杯套

以紙杯喝飲料時，

套上有把手的杯套，

使用上更方便，又能輕易分辨出杯子的主人。

多準備幾個顏色、造型各不相同的杯套，

舉辦派對或烤肉活動等時，

在人們聚集的場合充分運用吧！

杯套A是利用固定釦安裝上立體把手，套上後可穩穩地拿著杯子。其次，繞編皮繩的方式可使杯套的感覺顯得很不一樣。杯套B造型簡單，以固定釦組裝固定，不使用時收起來也不會佔空間。

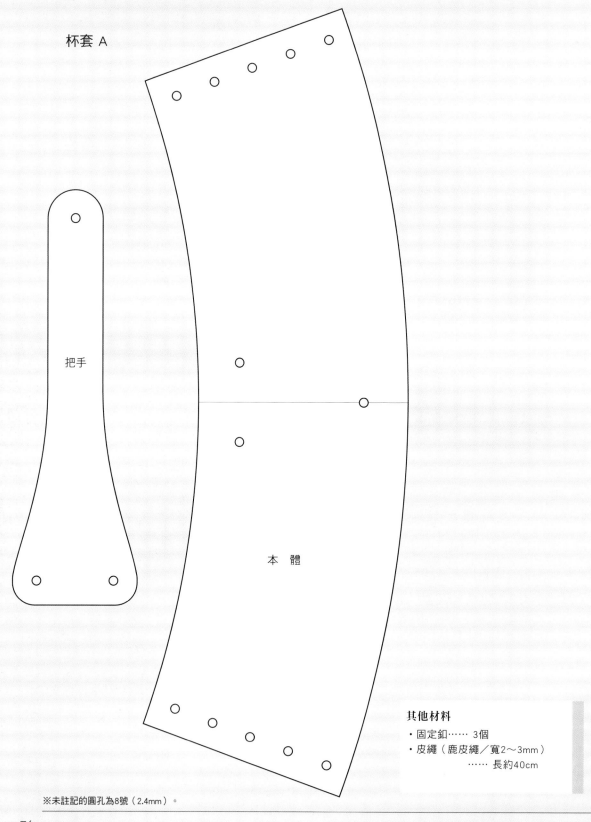

杯套 A

把手

本 體

其他材料
・固定釘…… 3個
・皮繩（鹿皮繩／寬2～3mm）
　　　　……長約40cm

※未註記的圓孔為8號（2.4mm）。

杯套 B

● 皮革…… 植鞣牛皮（厚1.5〜2.0mm）

其他材料
・固定釦…… 3個

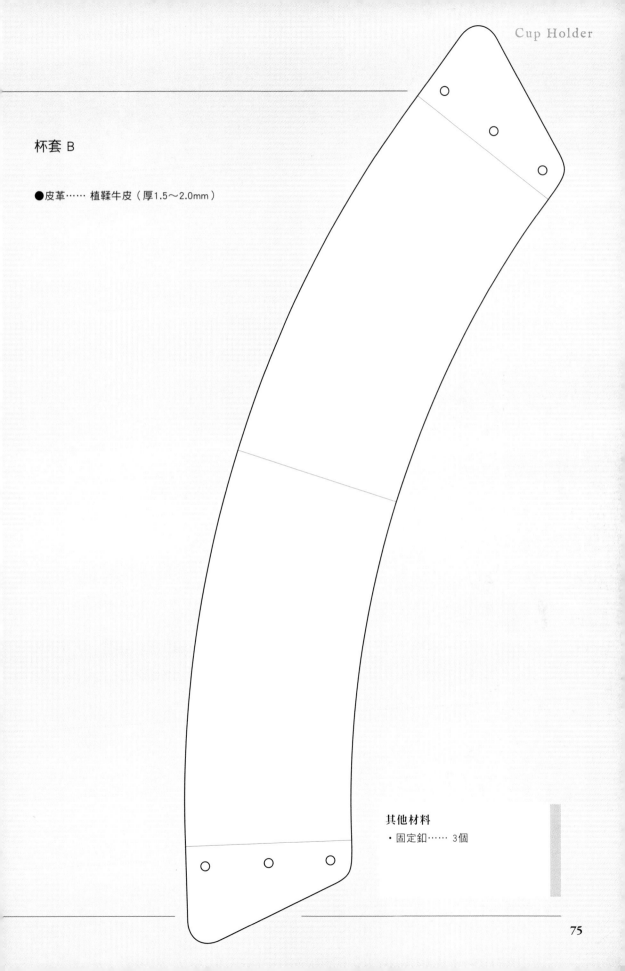

組 裝 Assembly

步 驟 　杯套A

1 依紙型裁切皮料後斬打圓孔。

2 由皮料背面，將固定釦的底釦，插入本體中心的三個孔洞中最上方的孔洞，接著由正面套上把手皮料，蓋上固定釦的面釦後安裝固定。把手朝著背面安裝。

3 安裝時使用環狀台的平面側，敲扁固定釦的背面。

※杯套B只以固定釦固定住，因此本單元中不記載處理步驟。

4 反摺把手，對齊下部的2個孔洞後，以固定釦安裝固定。

5 套上紙杯後，往側邊孔洞穿繞皮繩，調整為鬆緊適度的狀態。

完 成 ！

Advice

介紹利用固定釦將皮革處理成環狀的簡單造型，與安裝把手後進行皮繩滾邊的兩種類型杯套。建議透過皮繩滾邊類型的杯套，盡情地享受主要皮料與皮繩的色彩搭配樂趣。皮革顏色較暗時，使用色彩明亮的皮繩，構成鮮明的對比就會顯得很亮眼，成為設計上的重點裝飾。反之亦同。主要皮革太薄或太軟時，製作的把手會不牢靠，建議選用稍具厚度、張力適中的皮革。

Point

兩種皮繩穿繞方法

皮繩的穿繞方法隨個人喜好，本單元將介紹平行與交叉兩種穿繞方法，請依喜好參考使用。

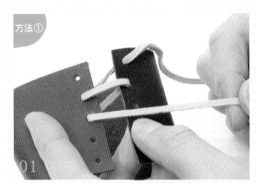

方法①

皮繩由皮料正面穿向背面，穿過左側（或右側）最上方的第一個孔洞後，繼續一個一個往下穿繞成螺旋狀。正面穿繞成平行狀態。

穿繞至最下方的孔洞後，將皮繩穿過皮料背面，再穿出另一側最上方的第一個孔洞。穿好皮繩後，套入紙杯，調整出適當鬆緊度。

將兩側皮繩並列在一起，由基部打死結，調整形狀後即完成杯套。

方法②

皮繩由最上方的孔洞穿出皮料背面，以兩側都跳過一孔的方式，編成Z型。穿繞至最底下的孔洞後，左右對稱地往回穿繞至最上方的孔洞。

套上紙杯，調整鬆緊度，用皮繩兩端打一個蝴蝶結後固定住。

托盤

想再生活周邊擺些雜貨時，

用起來最方便的托盤。

皮革與銀製品的搭配效果絕倫，

擺放耳環、項鍊等銀質裝飾品，

就能欣賞到不同材質激盪出來的對比之美。

打開角上的彈簧釦就能攤成平面狀，不使用時
也不會佔空間。本單元中將介紹長方形與正方
形兩種托盤的紙型，建議不妨變換縱橫比例，
自由地享受製作樂趣。

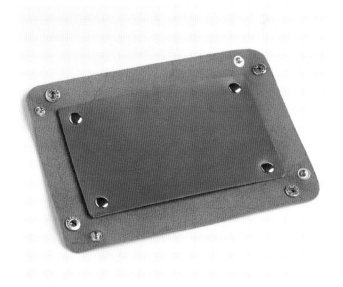

長方形

其他材料
· 固定釦…… 4個
· 彈簧釦…… 4個

底部

※未註記的圓孔為8號（2.4mm）。

●皮革…… 植鞣牛皮（厚1.5〜1.8mm）

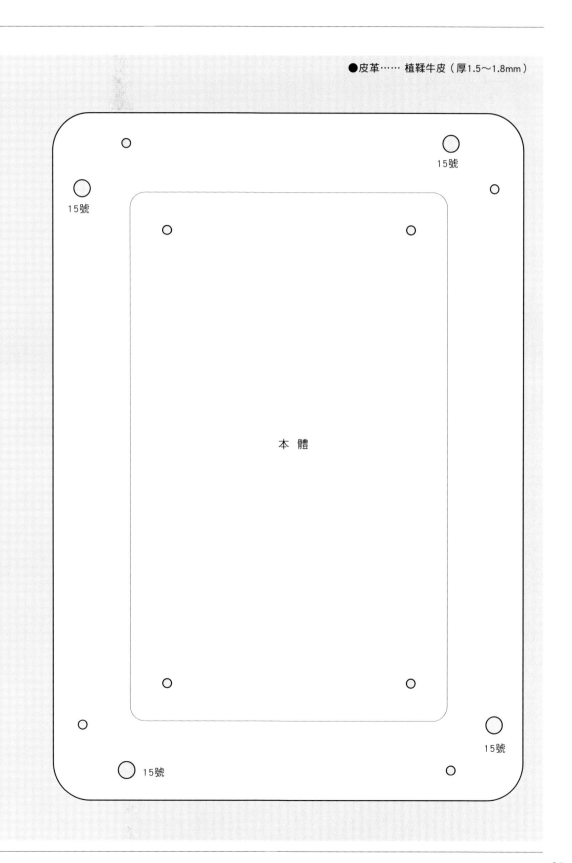

15號

15號

本　體

15號

15號

正方形

其他材料
- 固定釦…… 4個
- 彈簧釦…… 4個

●皮革…… 植鞣牛皮
（厚1.5～1.8mm）

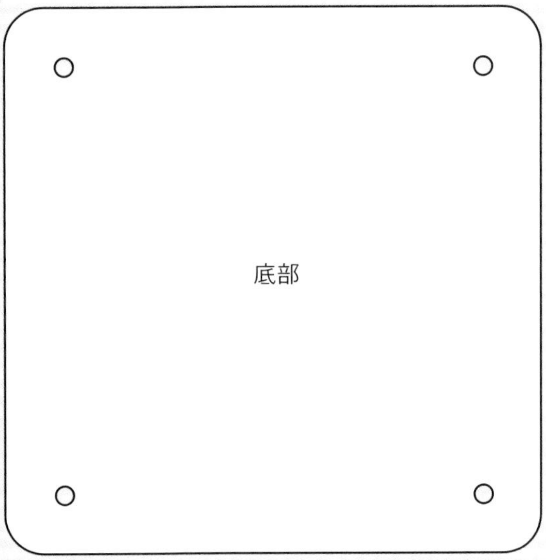

底部

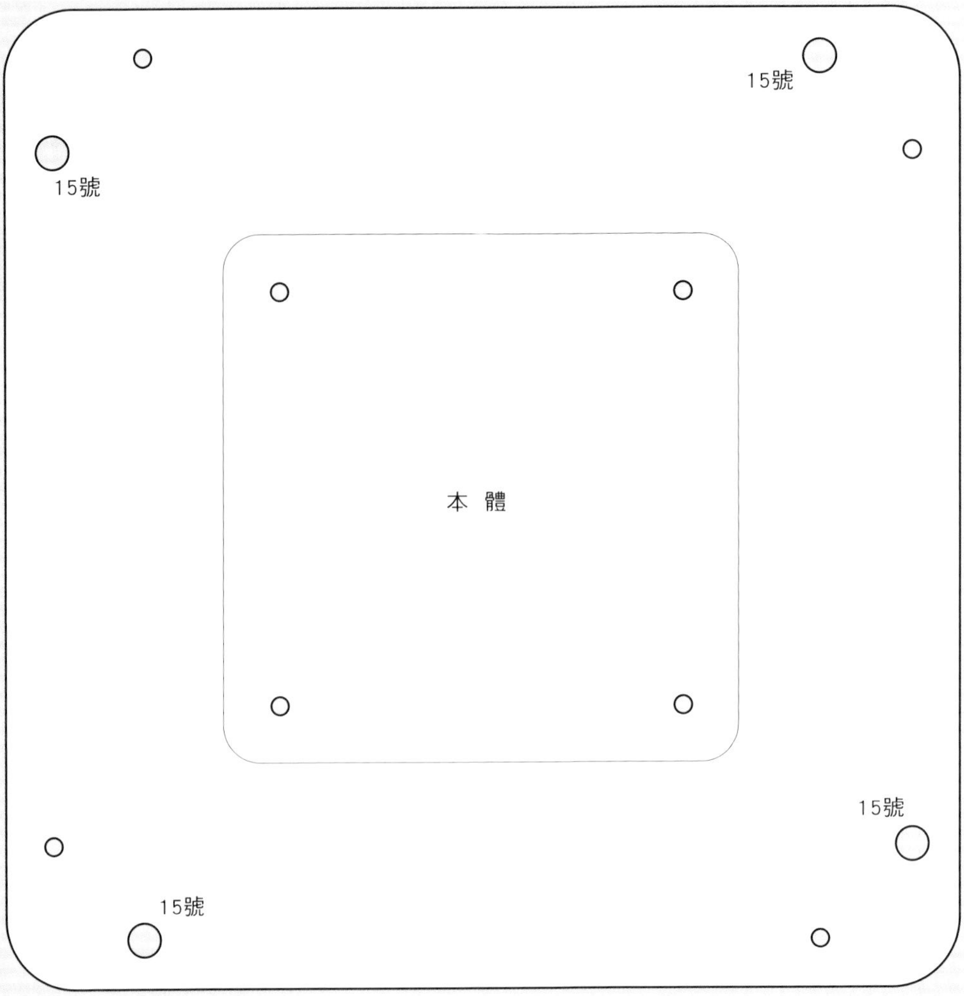

15號

15號

本 體

15號

15號

※未註記的圓孔為8號（2.4mm）。

組裝 Assembly

步驟

① 依紙型裁切皮料後斬打圓孔。

② 由皮料正面,將固定釦底釦插入靠近中央的四個孔洞,接著從背面側插入底部皮料,再以面釦固定。

③ 敲打釦斬,固定住四個部位。

④ 將彈簧釦的彈簧與面釦,插入15號的孔洞後固定住。安裝後彈簧位於皮料背面。

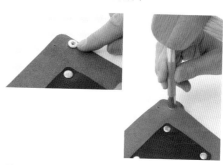

⑤ 將彈簧釦的公釦與腳管插入相鄰的孔洞。安裝後公釦位於皮料背面。以相同要領安裝四處彈簧釦。

完成!

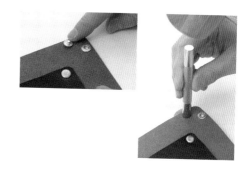

Advice

造型簡單素雅,但皮革質感與固定釦的金屬質感相輔相成,而顯得高雅大方。建議以銀色或金色的金屬配件搭配暗色皮革,完成非常亮眼的作品。特別以俗稱「床面(肉面層)」的皮革背面構成亮眼的作品,重點是必須選用床面漂亮的皮革。

室內拖鞋

左右不對稱，但非常合腳的造型為其特徵，
完全以皮革製作的奢華室內拖鞋。
鞋底為皮革、襯料、皮革構成的三層構造，
堅固耐用又很有彈性，穿起來很舒服。
鞋面中央穿繞皮繩的類型，
散發出來的異國風情也令人著迷。

堅固耐用又非常實用的造型,組裝方法很簡單,周圍進行皮繩滾邊後即完成作品。以兩片皮革夾住海綿素材,因此穿起來很有彈性。

男仕通用尺寸

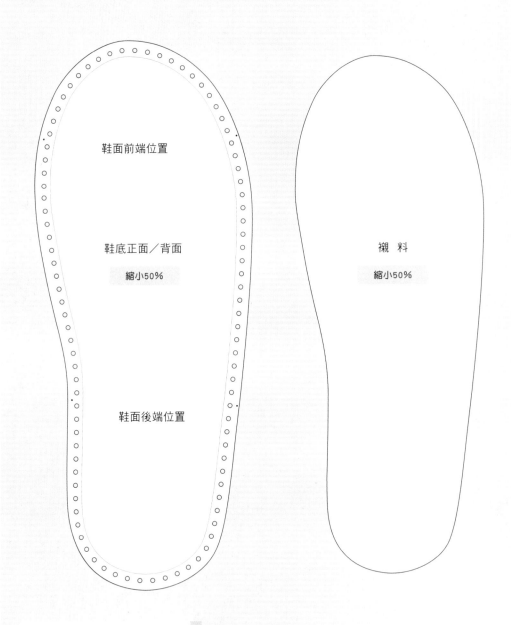

鞋面前端位置

鞋底正面／背面

縮小50%

鞋面後端位置

襯 料

縮小50%

其他材料
- 皮繩（鹿皮繩／寬約4mm）
　　……長約400cm
- 襯料…… 紙型「裡襯」2片

※襯料素材待P.92中詳細介紹。

●皮革…… 鞋底正面──植鞣牛皮（厚1.5～1.8mm）
　　　　　鞋底背面──植鞣牛皮（厚2.0～2.5mm）

女仕通用尺寸

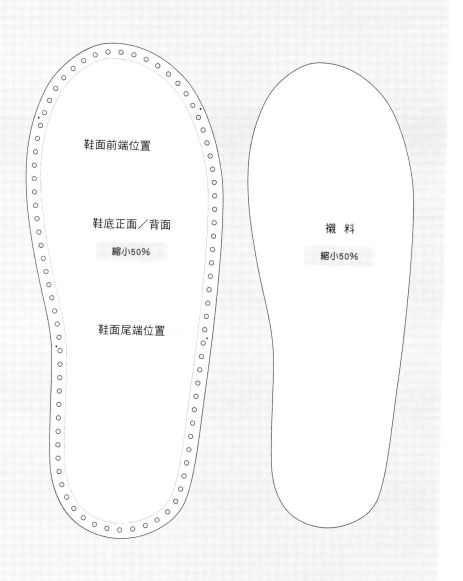

鞋面前端位置

鞋底正面／背面

縮小50%

鞋面尾端位置

襯料

縮小50%

男仕通用尺寸

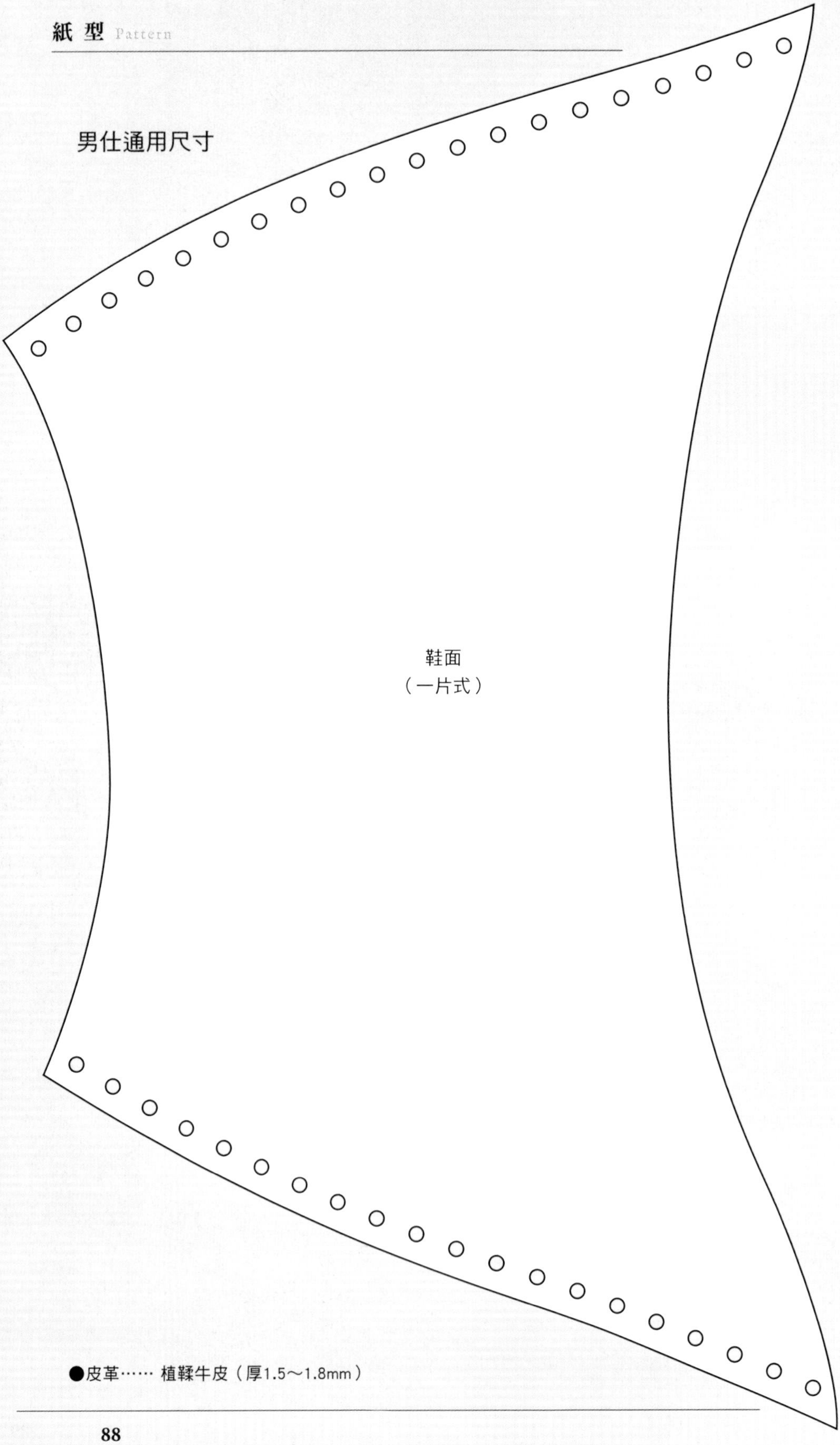

鞋面
（一片式）

●皮革…… 植鞣牛皮（厚1.5～1.8mm）

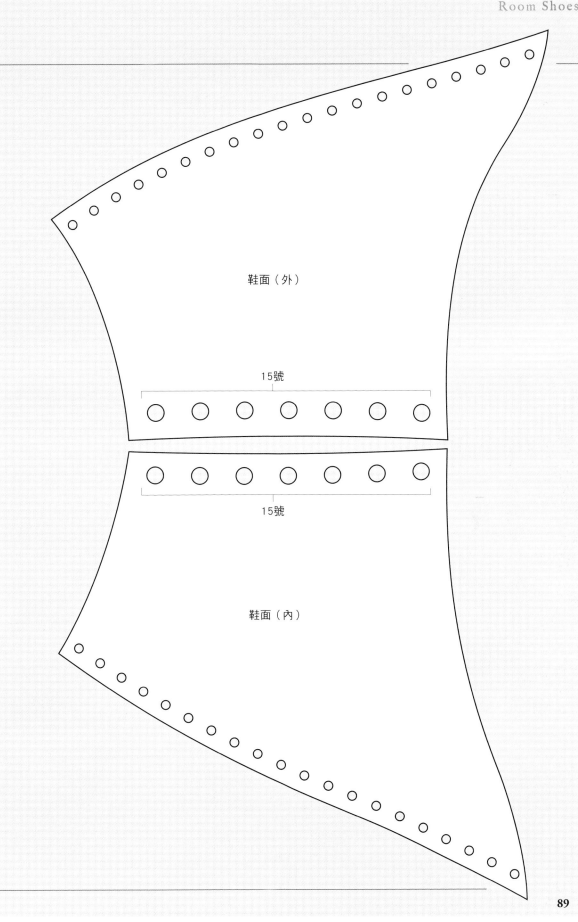

鞋面（外）

15號

15號

鞋面（內）

女仕通用尺寸

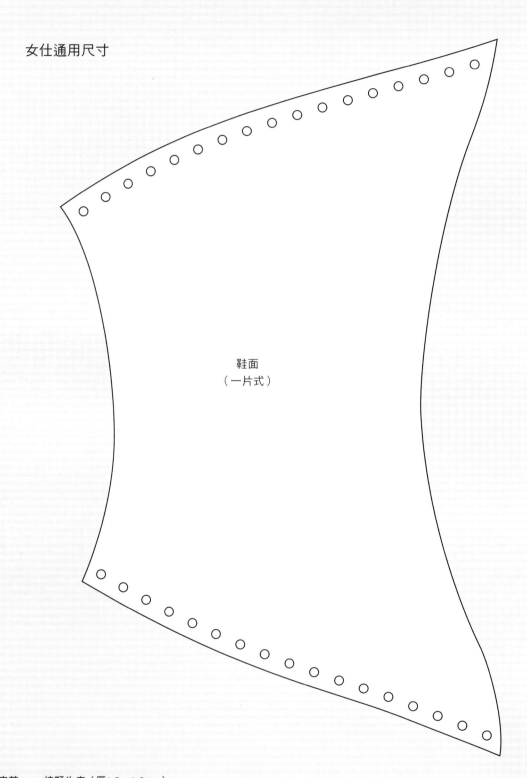

鞋面
（一片式）

●皮革…… 植鞣牛皮（厚1.5〜1.8mm）

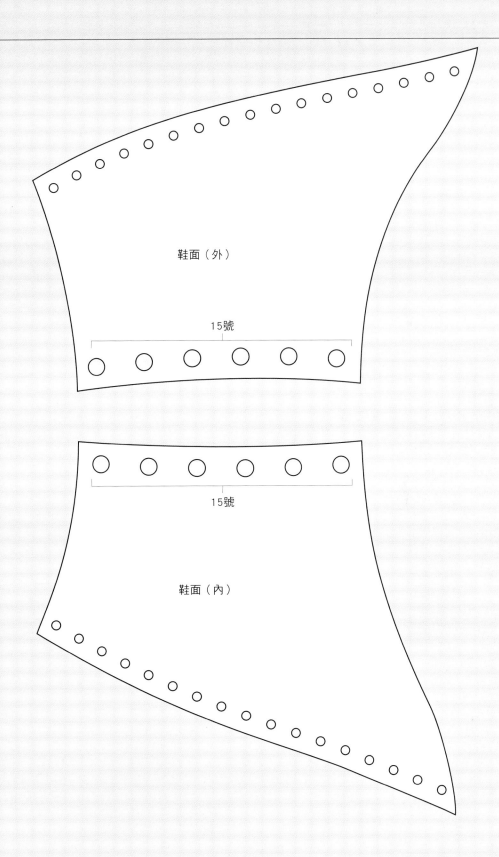

鞋面（外）

15號

15號

鞋面（內）

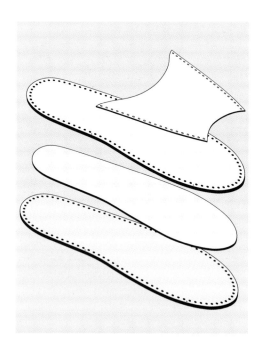

組 裝 Assembly

步 驟

1. 依紙型裁切皮料與襯料。並透過紙型，利用錐子往鞋底正面的皮料描上「鞋面前端位置」。

2. 以雙面膠帶黏貼約兩處，以免組裝過程中襯料偏離位置，然後暫時固定在鞋底背面的中央。

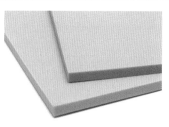

襯料（緩衝）素材

請選用聚氨酯泡綿等具緩衝作用的海綿素材。襯料太軟時容易扁塌，建議採用「硬質」或「半硬質」素材。襯料若太硬，以美工刀裁切處理時會很辛苦。以厚約5mm最適合。別透過網購等方式購買，建議親自前往居家用品賣場，實際觸摸後選購。

幸運的話，能夠找到代切素材、又願意提供小額出售（幾百日圓）的廠商。由於成品會包覆素材，因此使用何種顏色都沒關係。

Advice

由於鞋底正面與鞋面會與肌膚直接接觸，建議使用質地柔軟且張力適中、厚約1.5mm左右的牛皮。至於鞋底背面，則選用張力緊實、有厚度的皮革為佳。滾邊完成的鞋底，會形成如銅鑼燒般中央隆起的形狀，繞上的皮繩才不會與地面頻繁磨擦，因此不容易壞。

③ 覆上鞋底正面夾入襯料後，皮繩由縫隙穿向外側。後端拉出20mm左右。

④ 邊拉緊皮繩，邊進行周圍皮繩滾邊。鞋面上的記號內側疊上鞋面皮料後，三片皮料一起進行皮繩滾邊。

⑤ 直接進行皮繩滾邊，回到原來的位置後，尚未拉緊最後兩孔的滾邊皮繩狀態。

⑥ 將皮繩插入最初的同一個孔洞，皮繩不穿出另一側，而是由縫隙間穿出。

⑦ 皮繩由縫隙間穿出後，再從步驟⑤形成的環狀部位底下穿過後的狀態，慢慢地拉緊皮繩與皮繩前端。

⑧ 確實拉緊後，由基部剪斷皮繩，以錐子壓入皮料之間的縫隙，隱藏銜接處。

完 成！

Point

皮繩的接法

市面上買到的皮繩長度通常為150cm左右，因此，進行周圍滾邊過程中，經常會碰到皮繩不夠長，而必須銜接皮繩的情形。出現皮繩不夠長的情形時，必須由稍微前面的孔洞開始加入另一條皮繩，處理成步驟⑤左圖的狀態。銜接皮繩後，再依據前述解說步驟，以相同要領處理皮繩的銜接處。

Floor Cushion
座墊

在兩片正方形的皮料之間夾入海綿素材，

進行周圍皮繩滾邊後完成的座墊。

作法非常簡單，

但皮繩滾邊距離較長，

建議事先評估製作的時間與皮繩的長度。

裡面夾著軟質聚氨酯泡綿，因此彈性非常
好。變換正、反面皮料顏色，完成雙色調
作品，會更有變化、感覺更有趣。

●皮革…… 絨質牛皮（厚1.0～1.2mm）／豬絨面革（厚約0.8mm）

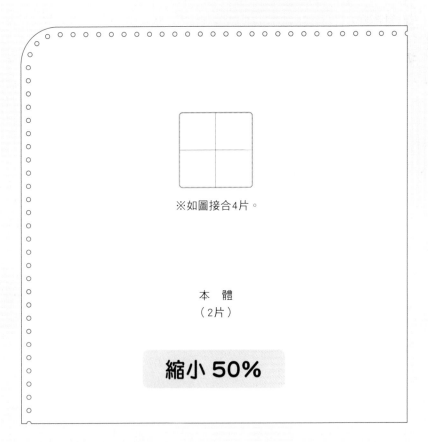

※如圖接合4片。

本　體
（2片）

縮小 50%

※未註記的圓孔為8號（2.4mm）。

其他材料

· 皮繩（絨質豬皮繩／寬5mm）…… 長約450cm
· 緩衝材（聚亞胺酯泡棉／厚約30mm）
　　　　　…… 400 × 400mm

質地柔軟的絨
質豬皮繩。

聚亞胺酯材質的泡綿，有各種柔軟度可供挑選，建議
親自到店裡選購喜歡的質感。

組 裝 Assembly

步 驟

① 依紙型裁切正面與背面兩個部分的皮料後斬打圓孔。將襯料裁切成400 × 400mm正方形。

② 疊合皮料，之間夾入襯料，開始進行皮繩滾邊。皮革縫隙中預留皮繩後端約30mm。

③ 直接以皮繩滾邊處理成螺旋狀。

④ 皮繩滾邊一整圈後，大概穿繞到最後2個孔洞時，不拉緊皮繩，先讓皮繩暫時處於放鬆狀態（左圖）。將皮繩由滾邊起點的相同孔洞，穿入皮料之間，然後藏入呈放鬆狀態皮繩下方（右圖）。

⑤ 慢慢地拉緊放鬆部位。

⑥ 皮繩完全拉緊後，由基部剪斷。

⑦ 皮繩的切口太顯眼時，以錐子端部壓入皮料之間的縫隙。

Point

皮繩的銜接方法

皮繩不夠長時，由前面幾個孔洞就開始使用另一條皮繩，然後以相同要領，透過步驟④～⑦處理皮繩端部。

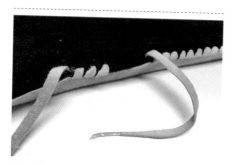

皮繩太短的話，很難完成固定作業，最好在還有相當長度時就補上皮繩。

Advice

作法很簡單，使用任何種類的皮革都能完成作品，但建議使用質地柔軟、觸感絕佳的皮革。此作品正面使用表面呈起絨狀態的「絨質」牛皮，背面使用表面呈起絨狀態的「豬絨面革（麂皮）」。皮繩部分也是質地柔軟的豬絨面革材質。用於製作其他作品的皮革當然也可使用。但為了做出柔軟度，還是採用稍微薄一點的皮革比較適合。

Chapter 3

品味文具

活用皮革質感，充滿自然氛圍的五款文具。實用性絕佳，製作或使用都充滿樂趣，可盡情品味皮革工藝妙趣的作品。

筆盒

作法簡單、使用方便，本體連結著盒蓋的筆盒。

兩側另外加上側片，

空間足夠擺放好幾支筆和橡皮擦等用品。

收納能力十足。

本單元中將介紹標準版與窄版兩種類型。

本體與盒蓋由一整片皮料構成，兩側以皮繩滾邊
技巧加上側片的構造。側片的突出翅膀狀部位具
備阻擋功能，是防止筆具掉出的設計巧思。

標準版

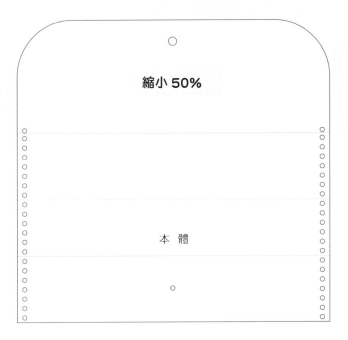

縮小 **50%**

本 體

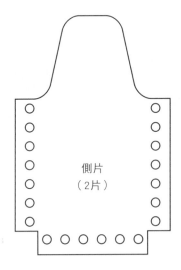

側片
（2片）

其他材料
・彈簧釦……1個
・皮繩（鹿皮繩／寬約3mm）
　　　……長約30cm

●皮革…… 植鞣牛皮（厚約1.5mm）

窄版

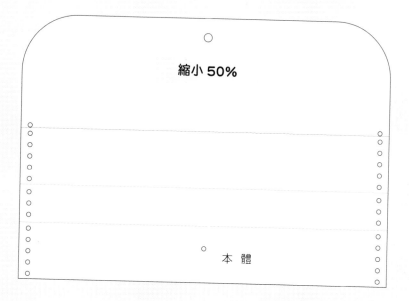

縮小 **50%**

本 體

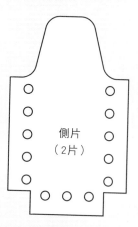

側片
（2片）

其他材料

・彈簧釦…… 1個
・皮繩（鹿皮繩／寬約3mm）
　　　…… 長約30cm

組 裝 Assembly

步 驟

1. 依紙型裁切皮料。

2. 由皮料背面將皮繩穿過本體最上方的孔洞，後端預留15mm左右。對齊下一個孔洞與側片端部的孔洞後，進行皮繩滾邊。

3. 皮繩滾邊時，捲入步驟2預留的皮繩後端，固定後進行螺旋狀皮繩滾邊。

Advice

兩側進行皮繩滾邊即構成形狀，作法很簡單，製作時不會花太多時間。選用張力絕佳的皮料，既可維持筆盒的漂亮形狀，使用起來也更方便。比較一下緊接著介紹的「捆捲式筆袋」，喜歡這類筆具用品的人不妨試試看。

4. 大概穿繞至最後兩個孔洞後，在放鬆滾邊皮繩狀態下，將皮繩繞過側片上端，再將皮繩端部藏入該環狀部位。藏好端部後，再次拉緊皮繩，調整形狀，完成作品。

捆捲式筆袋

將筆具收納在隔成五個部分的袋狀筆插部位，

蓋上可防止筆具掉出的翅膀狀防護片，

捲起本體後以皮繩固定住的類型。

未使用時可捲成一小捆，

筆具不會相互碰撞為其最大特徵。

建議使用質地柔軟、堅固耐用的皮革。

仔細看就會發現，筆插部分安裝後就鼓起成山形，形成的空間可以輕易地收納筆具。收納外型清爽俐落，是非常受歡迎的筆具收納工具。

●皮革⋯⋯ 牛皮（厚約1.3mm）

其他材料
- 固定釦⋯⋯ 1個
- 皮繩（鹿皮繩／寬2～3mm）
  ⋯⋯ 長約180cm

防護片

※未註記的圓孔為8號（2.4mm）。

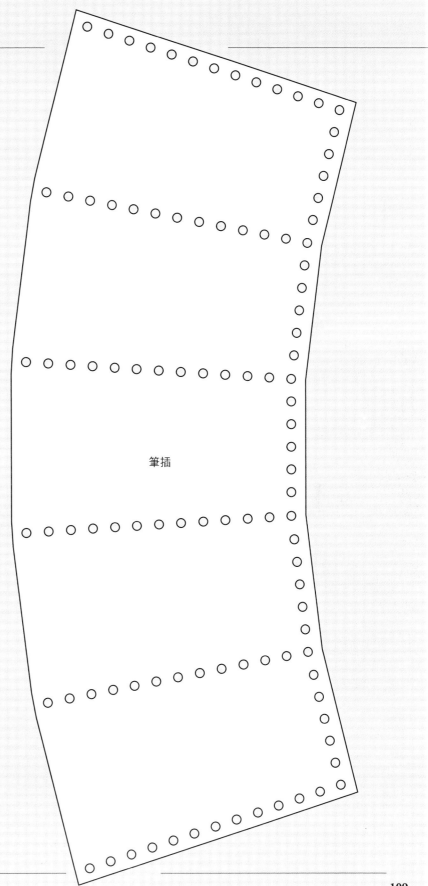

筆插

綁帶······ 10 × 550mm

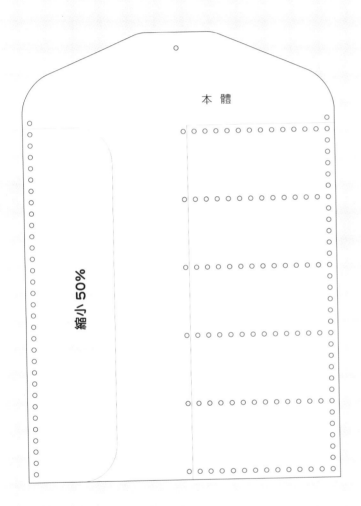

本 體

縮小 50%

※未註記的圓孔為8號（2.4mm）。

組 裝 Assembly

步 驟

❶ 依紙型裁切皮料。「綁帶」部分沒有紙型，必須利用
直尺，另外裁切一條寬10mm，長550mm的皮料。

❷ 將裁成15cm左右的皮繩尾端打結。

❸ 將筆插皮料疊在本體皮料的安裝位置上（依本體紙型
標示），再將皮繩由正面穿向背面，從最上方的孔洞
開始穿。

❹ 皮繩直接穿繞成波浪狀。

❺ 皮繩穿繞至底下算起第二個孔洞後，靠近基部打結，
修剪掉多餘的部分。

❻ 以相同要領穿繞旁邊的線條後，就會自然形成山形的
筆插部位。共穿繞六條。

⑦ 筆插底部橫向穿繞成一長條。

⑧ 將防護片部分，疊在本體的上邊，以處理底部要領穿繞皮繩後完成組裝。

⑨ 綁帶端部以8號（2.4mm）圓斬打上圓孔，對齊本體端部的孔洞後，以固定釦安裝固定。

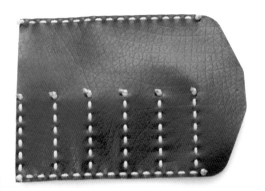

Advice

將筆插部位處理成扇形，以皮繩穿繞區隔部位後，就會自然地鼓起成山形的結構，完成可以收納筆具的部位。作法不難，但需慎選皮料。使用太硬挺的皮料時，筆袋不容易捲得很服貼。最理想的是柔軟度適中、稍具伸縮性的皮革。皮繩部分也一樣，建議選用鹿皮繩等質地柔軟的素材。

Pen Stand
筆筒

將皮革捲成圓筒狀後以固定釦安裝固定，
再以皮繩滾邊技巧安裝底部後構成筆筒。
並排安裝的鈕釦狀固定釦，為造型上最大特徵。
相較於其他作品，
請以更厚實耐用、張力緊實的皮革完成作品。

以皮繩滾邊技巧安裝底部。連大型太陽眼鏡
都能充分收納的尺寸，除了收納筆具外，也
是用途很廣的作品。

紙 型
Pattern

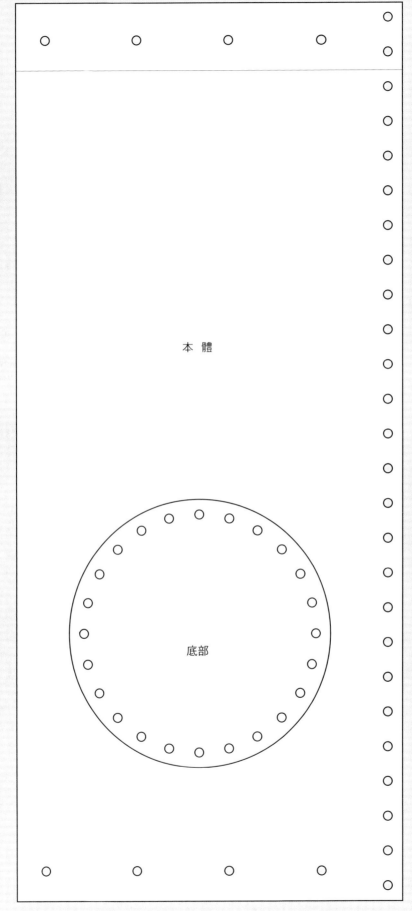

本 體

底部

※未註記的圓孔為8號（2.4mm）。

組 裝 Assembly

步 驟

① 將本體捲成圓筒狀後，以固定釦連結縱向並排的四個孔洞。

② 圓筒內側擺放環狀台（底下夾入一塊皮料以免損傷本體），敲打釦斬以安裝固定釦。

③ 由適當位置穿入皮繩，對齊底部的孔洞，進行螺旋狀皮繩滾邊。

④ 皮繩滾邊至最後階段時，縫隙縮小，手無法伸進去完成處理作業，因此，邊微微地拉鬆皮繩，邊穿繞。滾邊處理至最後孔洞後，再拉緊皮繩，調整形狀。

⑤ 由縫隙間將皮繩端部壓入內側後，從基部剪掉多餘的部分。

其他材料
- 固定釦…… 4個
- 皮繩（鹿皮繩／寬約3mm）
  …… 長約60cm

Advice

一開始就提到，相較於製作其他作品，要使用厚約2.0mm、質地較厚實的皮料，才能靠皮革本身的硬度維持筆筒形狀。底部進行皮繩滾邊後，靠夾入縫隙間的力量就能固定住皮繩端部。但萬一出現鬆脫現象時，將筆筒內側的皮繩抹上木工用膠料等，即可牢牢地固定住。

Book Cover
書套

小型平裝書尺寸的書套。

上、下邊的皮繩滾邊十分亮眼，

發揮巧思，活用主要皮革與皮繩的色彩搭配，

就能完成很有個性的作品。

具備調整功能，因此適合各種厚度的書本套用。

其中一邊固定住，另一邊往內摺以固定帶夾
住。可依據書本厚度調整反摺部分，變成很
合身的書套。

固定帶

其他材料

・皮繩（牛皮繩／寬約3mm）
　　　　…… 長約120cm

※未註記的圓孔為8號（2.4mm）。

●皮革……植鞣牛皮（厚1.0～1.5mm）

固定帶組裝位置

縮小 50%

本　體

組 裝 Assembly

步 驟

❶ 摺疊本體的反摺部分（紙型上畫線處），摺成上下並排的孔洞可重疊的狀態。以木槌敲打皮料，確實地處理出摺痕。

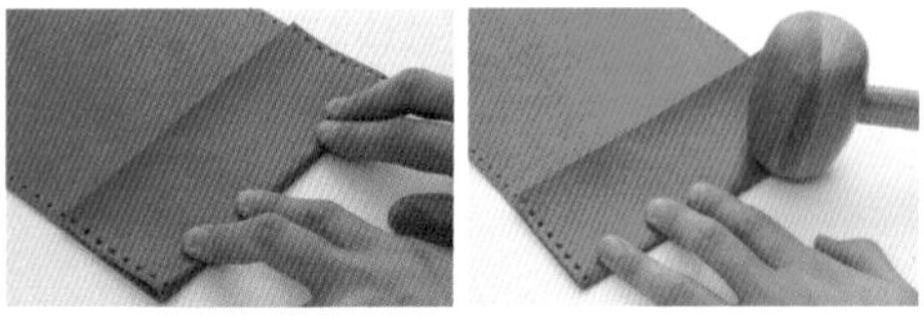

❷ 皮繩由皮料正面穿過摺雙部位的孔洞後，後端預留約20mm。後端先收入本體皮料之間。

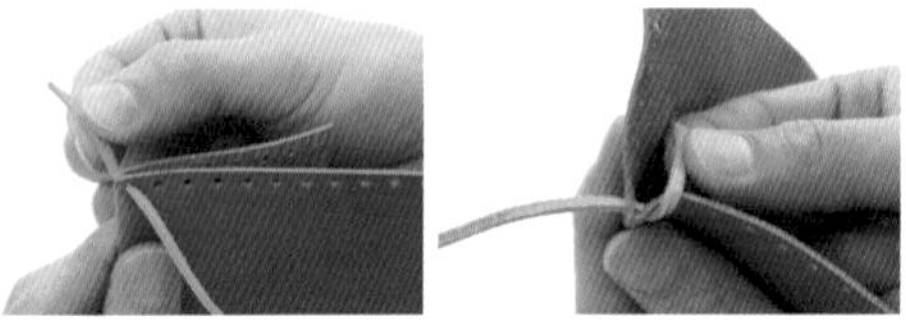

❸ 夾住後端並進行螺旋狀皮繩滾邊。確實拉緊皮繩固定住，以免後端鬆脫。

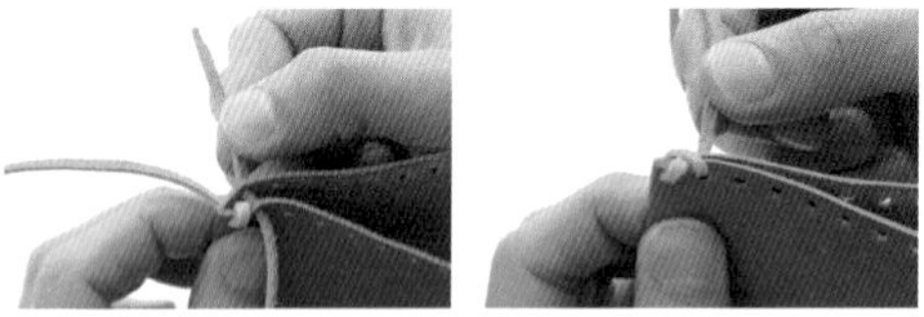

❹ 直接進行螺旋狀皮繩滾邊。

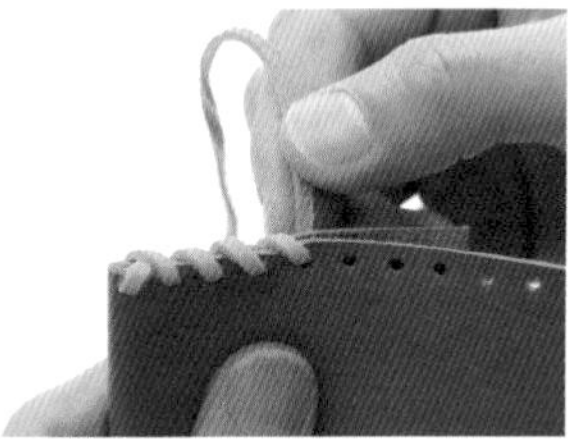

❺ 皮繩滾邊至固定帶安裝位置（參照紙型）後，連同固定帶一起進行皮繩滾邊。

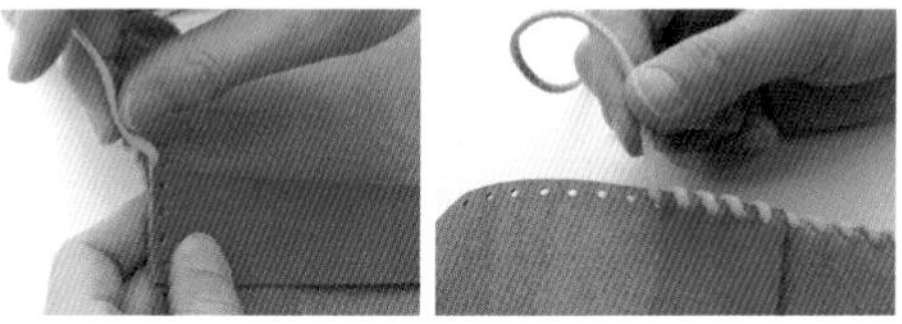

❻ 皮繩大概穿繞至最後兩個孔洞後，不拉緊皮繩，將皮繩前端藏入呈放鬆狀態的皮繩底下。

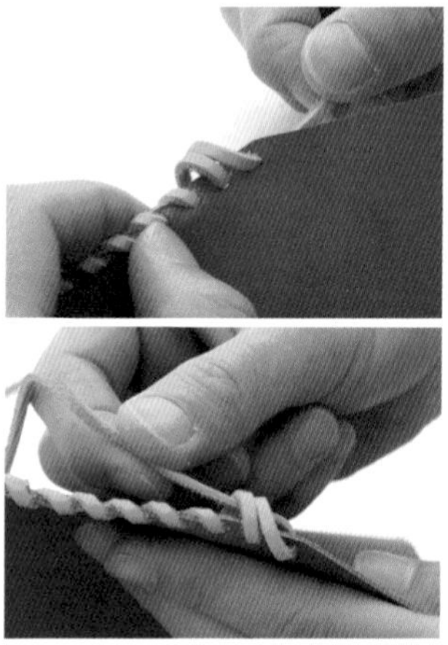

❼ 慢慢地拉緊呈放鬆狀態的皮繩，確實固定住皮繩後端。

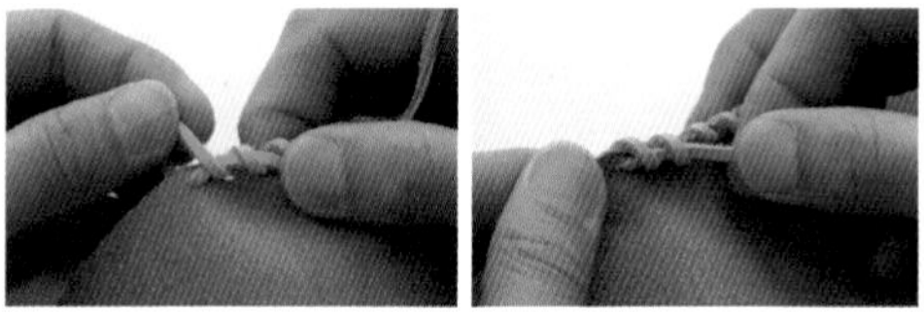

⑧ 由基部剪斷多餘的皮繩。

⑨ 上、下邊都以皮繩滾邊完成作品。

Personal Organiser
活頁記事本

聖經尺寸，可更換內頁，
安裝著多孔夾金屬配件的活頁記事本。
摺起長方形本體皮料的其中一邊作為套蓋，
將蠟皮繩捲繞在皮釦上即可闔上記事本。
造型素雅大方，任何人都能使用的皮件作品。

本體內側還裝上了筆插部位。墊在多孔夾金屬配件底下的皮革具保護作用，可避免在本體皮料表面留下環狀痕跡。

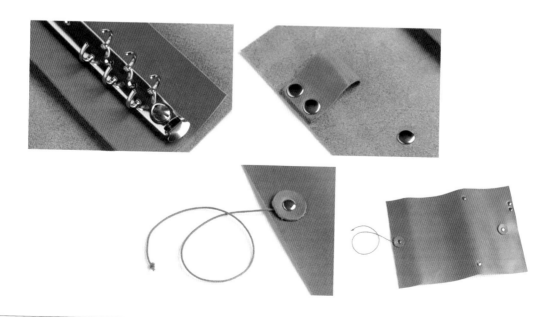

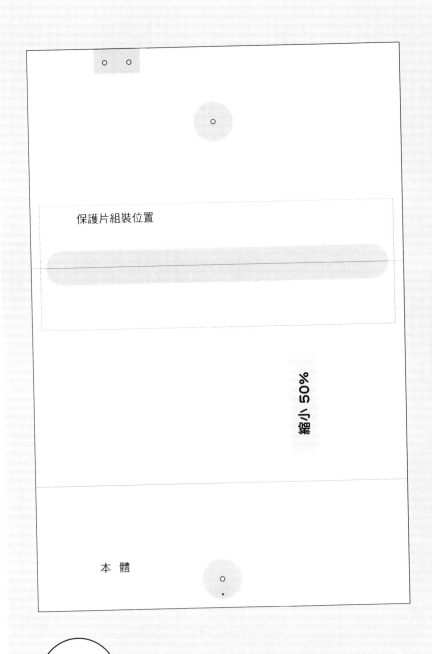

保護片組裝位置

縮小 50%

本 體

皮釦
（2片）

※未註記的圓孔為8號（2.4mm）。

●皮革…… 植鞣牛皮（厚1.5mm）

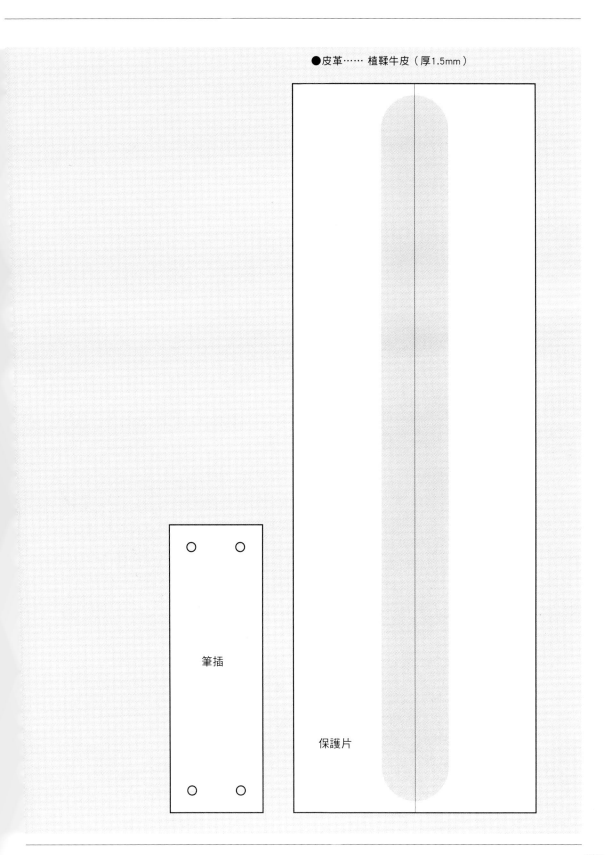

筆插

保護片

組 裝 Assembly

步 驟

① 依紙型裁好所有部位的皮料。

② 將多孔夾金屬配件擺在保護片中央，選定安裝位置。將圓錐抵在金屬配件兩端的安裝孔中心，在皮料上作記號。

③ 以記號為中心點，以15號（4.5mm）圓斬打上圓孔。

④ 將保護片疊在本體的「保護片組裝位置（參照紙型）」上，描上先前斬打圓孔的位置。

⑤ 本體皮料也以15號圓斬打上圓孔。

其他材料

・固定釦…… 4個
・多孔夾金屬配件（聖經尺寸／長171mm）
　　　　　　　　…… 1個
・蠟繩（直徑約1mm）…… 長約20cm

手工藝材料行就能買到蠟繩。

購買多孔夾金屬配件時，通常都附帶固定用螺絲，本單元將解說該類型螺絲的安裝方法。

⑥ 將圓錐抵在本體皮料套蓋側圓孔旁約8mm處，鑽上
小圓孔。圓錐稍微戳深一點，擴大成可穿過直徑
1mm蠟繩的孔洞。

⑦ 將蠟繩穿過孔洞，穿出皮料背面後打結固定。

⑧ 將固定釦的底釦插入圓孔，釦腳穿出皮料正面後，
安裝皮釦。

⑨ 蓋上固定釦的面釦，敲打釦斬以固定住釦件。

⑩ 另一側的孔洞也以相同要領，以固定釦固定住皮
釦。

⑪ 對摺筆插部分的皮料後，將固定釦的底釦插入圓
孔，再安裝在本體的孔洞上。

⑫ 由本體皮料正面蓋上面釦，敲打釦斬以固定住釦
件。

Advice

處理安裝金屬配件的圓孔時，為了慎重起見，直接依據多孔夾金屬配件，
計算出組裝位置。採用此方法的話，即便多孔夾金屬配件的尺寸不太一
樣，依然可對應安裝。將皮釦裁切成漂亮的圓形是相當困難的作業。完成
的皮釦不是正圓形，其實也別具風味，但無論如何都想裁切成正圓形時，
建議使用70號（直徑21mm）的特大號圓斬。

⑬ 將多孔夾金屬配件附屬的固定用螺絲的螺母側（螺
絲孔側）零件，插入步驟❽斬打在本體皮料上的孔
洞後，將保護片也一起安裝在皮料背面。

⑭ 安裝保護片後，裝上多孔夾金屬配件，將螺絲拴入
螺絲孔。

⑮ 將一元硬幣等插入溝槽就能拴緊螺絲。以一字型螺
絲刀拴緊當然也OK。

⑯ 在闔起本體的狀態下，將蠟繩捲繞在皮鈕上，然後
修剪成適當長度＋10cm左右。蠟繩尾端打結後使用
更方便。

Chapter 4

最適合外出時使用的
皮夾與皮包

本單元中收集了六款可配合收納物品與場合使用的皮夾與皮包，
都是大型的作品，但所有作品依舊都是以固定釦和皮繩組裝完
成。

Pouch
隨身包

本體由一整片皮革摺疊而成，
以固定釦安裝固定住側邊，
完成風箱狀側片。
構造有點神奇，可擺放小東西的隨身包。
製作重點為摺痕不要摺得太明顯。

分成三個收納夾層的構造。夾在側片之間的隔層
為一片式，反摺包底部分。整個皮包只以固定釦
安裝固定，因此作法很簡單。

步 驟

1 依紙型裁切皮料。

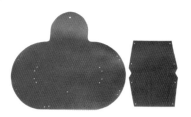

2 於本體中心線上部（包蓋側）的孔洞，安裝彈簧釦的彈簧與面釦，下部的孔洞安裝公釦與腳管。安裝後，彈簧位於皮料背面，公釦位於皮料正面。

3 沿著紙型上的線條，微微地摺出痕跡。以蓬鬆柔軟的形狀為特徵，因此摺出痕跡即可。

4 將隔層邊端夾入摺痕間，穿過固定釦的腳管後接合在一起。

5 由另一側蓋上固定釦的面釦後，暫時固定住。

6 將隔層另一側的邊端，夾入近前方的摺痕間，接著將固定釦插入孔洞暫時固定，接著再敲打釦斬確實固定住。

7 最靠近前側的摺痕處不加入夾層，只有本體用固定釦接合在一起。同樣敲打釦斬確實安裝固定。

※紙型請見卷末附錄正面。

⑧ 本體的另一側同樣以固定釦安裝固定。

⑨ 調整形狀後即完成作品。

Advice

部位較少，組裝方法也很簡單，但完成的效果會因選用的皮料而大不同。為了完成蓬鬆柔軟的外型，建議選用張力適中又能做出柔軟質感的皮料。最適合採用的是p.15介紹的「ARIZONA」等皮革。使用太軟的皮革時，完成的作品容易變形又不好用，需留意。紙型上2個公釦的安裝孔位置，接下來的Point部分會做更詳細的解說。

Point

備用公釦

只要安裝2個公釦，平時使用下部，而希望收納更多物品時就可以使用上部，皮包形狀隨時充滿協調美感。

其他材料

・固定釦……1個
・彈簧釦……1個（※安裝2個公釦時準備2個）

Mini Tote
小型托特包

可擺放便當盒或貼身小物等，
便於收納小物的橢圓形、
迷你尺寸的托特包。
包身兩側的皮繩滾邊，
也成為設計重點。

以皮繩滾邊技巧組裝包身與包底，提把部分以固定釦安裝固定。橢圓形包底就是構成可愛造型的重點，也很適合當作孩子們手提包的尺寸。

●皮革⋯⋯ 植鞣牛皮（厚約1.5mm）

縮小 50%

本　體
（2片）

提把端

提把 25 × 350mm 2 條

其他材料
・固定釦⋯⋯ 8個
・皮繩（絨質牛皮繩／寬約5mm）
　　　　　⋯⋯ 長約140cm

※未註記的圓孔為8號（2.4mm）。

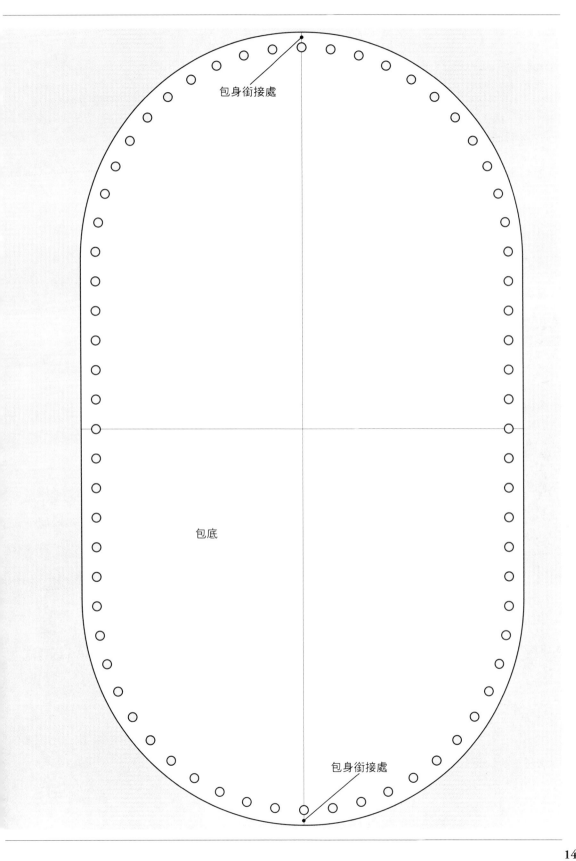

包身銜接處

包身銜接處

包底

組 裝 Assembly

步 驟

① 依紙型裁切皮料。提把部分沒有紙型，必須測量尺寸，另外裁切兩條寬25mm，長350mm的皮料。

② 將「提把端」紙型疊在皮料上，對齊邊端後，將輪廓與圓孔位置描在皮料上。

③ 以美工刀沿著線條裁切，再以8號圓斬打上孔洞。以相同要領處理兩條提把的兩端，共處理四處。

④ 將裁切成長約20cm的皮繩後端打結。於包身皮料側面孔洞重疊的狀態下，將皮繩由外側穿過最上方的孔洞。

⑤ 皮繩直接穿繞下方孔洞進行波浪狀皮繩滾邊。

⑥ 最下方的孔洞不穿繞，皮繩由下方數來的第二個孔洞穿出後，打結固定住皮繩。

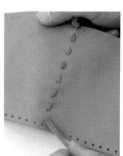 

⑦ 另一側的側面同樣進行皮繩滾邊後,將包身皮料處理成環狀。

⑧ 剩下的皮繩後端打結後,由皮革背面穿過適當的孔洞。將包底皮料的「包身銜接處(紙型上標示)」位置,對齊包身的銜接處後,將皮繩穿繞對應的孔洞。

⑨ 直接進行波浪狀皮繩滾邊後,包身與包底皮料自然組裝成立體狀態。

⑩ 皮繩穿繞至最後一個孔洞後,在前端也穿出裡側的狀態下,將皮繩打結後固定住。

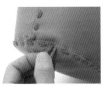

⑪ 剪掉多餘的皮繩後即完成包身部位。

⑫ 對齊包身與提把上的孔洞,插入固定釦,敲打釦斬安裝固定後,即完成作品。

Advice

穿繞在包身側面與包底銜接處的皮繩,也會成為包包上的設計重點,因此建議使用稍微醒目的皮繩。圖中使用同色系皮繩,但與主要皮革不同顏色也OK。步驟⑧開始進行皮繩滾邊時,包底與包身皮料的位置若不正確,就無法完成形狀工整漂亮的包包,因此穿繞皮繩時,必須仔細地確認「包身銜接處」的位置。

Clutch Bag
手拿包

單手就能輕鬆拿的尺寸，

非常休閒輕便的手拿包。

以組裝在本體中央的扣帶、

側面與包底部位的皮繩滾邊為最大特徵。

刻意地選用不同於本體皮料顏色的皮繩，

盡情享受對比色彩的搭配樂趣吧！

將包底兩側的邊角部位撐開後，才進行皮繩滾邊，包身稍微鼓鼓的，既可收納許多東西，又不容易變形。扣帶部分安裝彈簧釦，造型簡單大方。

●皮革…… 植鞣牛皮（厚約1.5mm）

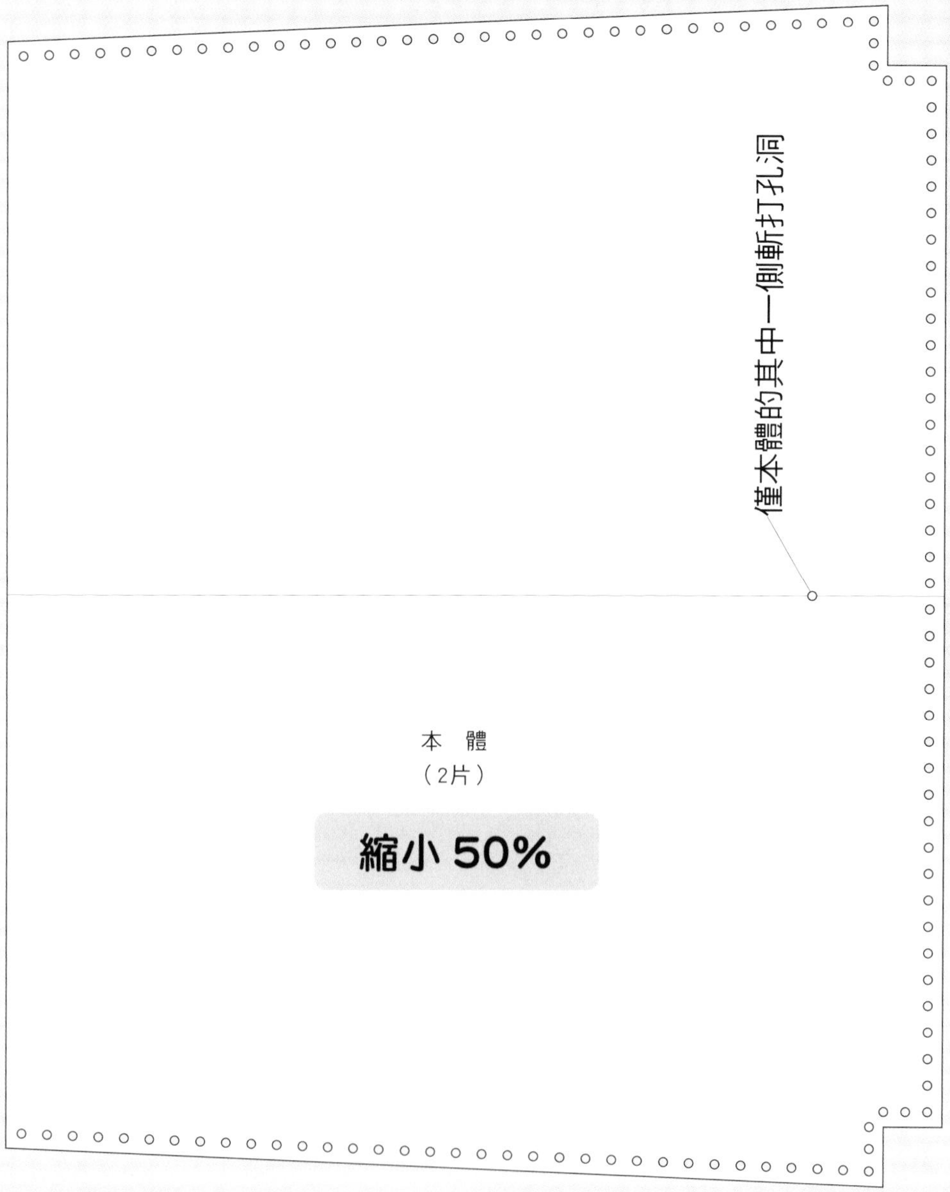

僅本體的其中一側斬打孔洞

本 體
（2片）

縮小 50%

扣帶 25 × 350mm

其他材料
・彈簧釦…… 1個
・皮繩（鹿皮繩／寬約3mm）
　　　　…… 長約130cm

※未註記的圓孔為8號（2.4mm）。

組 裝 Assembly

步 驟

❶ 依紙型裁切皮料。扣帶部分沒有紙型,必須測量尺寸,另外裁切一條寬25mm,長350mm的皮料。

❷ 將皮繩後端打結後,對齊包身側面的孔洞,將皮繩由皮料正面穿入第一個孔洞。

❸ 直接進行波浪狀皮繩滾邊,皮繩由下方算起第二個孔洞穿出皮料背面。將皮繩打結固定後剪掉多餘的部分。

❹ 以相同要領穿繞包底部分。開始穿繞皮繩的孔洞為下方邊角端部算起第二個孔洞(圖中箭頭指示位置)。將皮繩後端打結後,由皮料背面穿出正面。

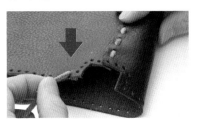

❺ 對齊兩側包身的孔洞後,直接進行波浪狀皮繩滾邊。

❻ 皮繩再次由端部算起的第二個孔洞,穿出皮料背面後打結固定住。

❼ 以相同要領處理另一側的側面。皮繩由皮料背面穿入孔洞,開始進行皮繩滾邊,如此一來皮繩穿過上端的孔洞後,就會穿出皮料正面。打結固定後剪掉多餘的部分。

❽ 透過以上步驟,完成包身側面與包底的皮繩滾邊作業。

⑨ 皮繩滾邊後，包底的兩個邊角部位形成了孔洞，撐開孔洞後縱向壓扁，重疊剩下的孔洞。

⑩ 將剪成長約10cm的皮繩後端，夾入皮革的縫隙裡，再將前端穿入端部的孔洞。

⑪ 直接進行螺旋狀皮繩滾邊，夾住後端之後固定住。

⑫ 皮繩滾邊至另一側的端部後，將前端壓入皮革的縫隙裡，由包身內側拉緊皮繩確實地固定住。接著修剪掉內側基部多餘的皮繩。

⑬ 距離扣帶兩端約12mm處，以8號（2.4mm）和15號（4.5mm）圓斬，分別打上孔洞。15號的孔洞安裝彈簧釦的彈簧與面釦（安裝後彈簧位於皮料背面）。

⑭ 由皮料背面，將彈簧釦的腳管插入包身中央下部的孔洞，扣帶上的孔洞也插入後，蓋上公釦。

⓯ 包身皮料內側擺放環狀台（環狀台底下鋪墊零頭皮料以免損傷包身），敲打釦斬以安裝固定住公釦。

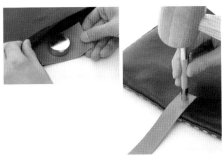

Advice

兩片包身皮料的邊端進行皮繩滾邊就能構成包包，構造單純無比，但撐開包底的兩個邊角部位再進行皮繩滾邊的步驟，稍微複雜一點。不過，正因為多花了這份心思，包身空間更大，包包的功能性也大大提昇。本體部分摺疊後使用，因此，使用柔軟度適中的皮革完成的作品，比較不容易變形。

Tool Case
工具包

以皮帶鈕扣住捲繞在包身上的皮帶，
可確實地蓋上包蓋的工具包。
背面也安裝兩條扣帶，
可將包包固定在摩托車或腳踏車上。
本體的組裝與皮帶鈕的安裝，
都是以固定鈕完成。

本體足夠收納好幾支螺絲刀與扳手。側片部
分是另外裁切皮料後,以固定釘牢牢地安裝
固定住。背面的扣帶則是穿套在本體皮料的
縫隙間。

●皮革……植鞣牛皮（厚2.0mm）

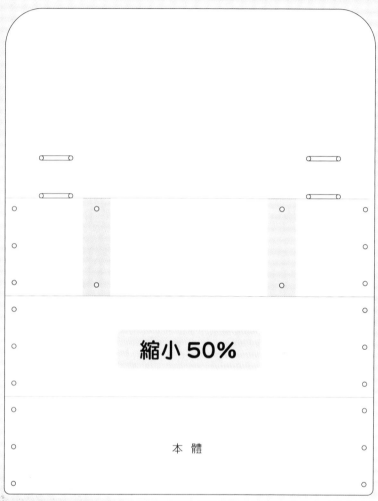

縮小 **50%**

本 體

※未註記的圓孔為8號（2.4mm）。

其他材料

- 固定釦…… 26個
- 皮帶釦（內尺寸15mm）…… 4個
- 皮帶（寬15mm）……長約130cm
  ※無法取得剛好適用的皮革時，亦可依
  　紙型裁切皮料後使用。

本單元中所使用的皮帶為「ブナールレース（寬15mm）」
（洽詢：SEIWA／03-3364-2112）。

縮小 50%

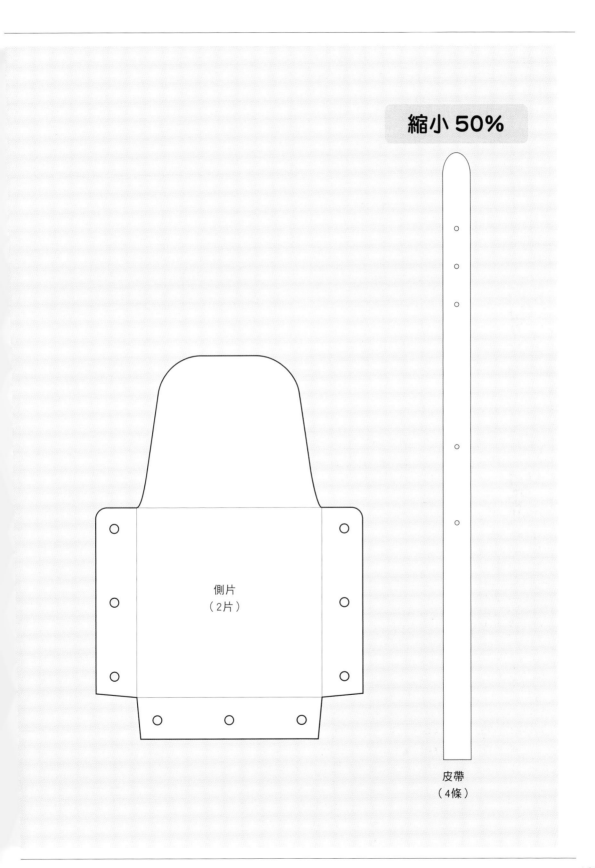

側片
（2片）

皮帶
（4條）

步驟

1 依紙型裁切皮料。分別裁切4條長320mm的皮帶。

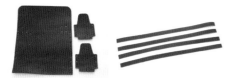

2 將紙型疊在皮帶上,描畫劍尖側的形狀後裁切。

3 依紙型位置斬打圓孔。要以固定釦安裝在本體上的兩條皮帶,才需要在中央附近斬打2個圓孔。安裝在背面的兩條皮帶,只有端部打上3個孔洞。打孔方式不同,需留意。

4 於劍尖另一側距離端部約8mm的位置,以8號(2.4mm)圓斬打上孔洞。紙型上沒有標示,因此以直尺測量後計算出位置。

5 摺起皮料端部,算出摺雙部位內側可形成2mm空隙的位置,然後在該狀態下作記號,標出可與步驟**4**重疊的位置,以8號圓斬打上圓孔。

6 剩下的三條皮帶分別疊上第一條皮帶後,於相同位置斬打圓孔即可。

7 作記號標出兩個圓孔之間的中心點,然後分別於中心點兩側作記號,標出距離約5mm的位置。

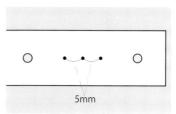

5mm

⑧ 以8號圓斬於步驟❼作記號處斬打圓孔,接著以美工
刀切割兩孔之間,切成長形孔。

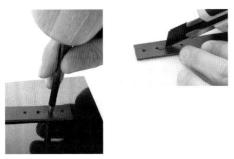

⑨ 將皮帶由皮帶鈕背面穿向正面後,將皮帶鈕插銷插
入長形孔。皮帶鈕有方向性,別穿錯方向喔!

⑩ 直接反摺皮料後,於皮帶鈕背面整理端部,將固定
鈕的底鈕插入孔洞。

⑪ 固定鈕的底鈕鈕腳穿出皮料正面後,蓋上面鈕,敲
打鈕斬後安裝固定。安裝時使用環狀台的平面側,
將固定鈕的背面處理成平面狀。

⑫ 所有的皮帶都以相同要領安裝皮帶鈕。

⑬ 切割本體背面的圓孔,形成長形孔。

⑭ 於本體皮料中央附近並排成長方形的圓孔，分別插入固定釦的底釦後，由皮料正面安裝皮帶。劍尖側朝上，需留意安裝方向。

 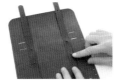

⑮ 將面釦蓋在底釦上，敲打釦斬後安裝固定。

⑯ 於側片皮料其中一側的三個孔洞，插入固定釦的底釦後，安裝在本體部位相對應的孔洞上（位置與方向請參考右圖）

⑰ 由皮料正面蓋上面釦，敲打釦斬後安裝固定。

⑱ 接著將固定釦插入側片與本體皮料的底部部分。

⑲ 由皮料正面蓋上面釦。此處需由側片側敲打釦斬後安裝固定，不是由包身側正面敲打喔！

⑳ 以固定釦安裝固定兩側底部後的狀態。

㉒ 將剩下的兩條皮帶穿過本體背面的縫隙。

㉑ 包身的正面側也以相同要領，以固定釦安裝固定。

Advice

作法很簡單，以固定釦安裝固定住相對應的孔洞即完成本體組裝。安裝皮帶釦時，依據皮革厚度調整孔洞間隔，才能固定得更確實，因此處理步驟稍微複雜了一點。製作這件工具包是為了收納金屬製扳手等比較笨重的工具，因此使用厚達2.0mm的皮革。皮帶部分也一樣，選用比較堅固耐用又不容易延展的皮料。店裡買不到適用的皮料時，建議使用和本體相同的植鞣牛皮。

相機包 & 頸掛式背帶

可收納小型數位相機的相機包，

再加上可將相機包掛在胸前的頸掛式背帶的組合。

都是造型簡單，以固定釦就能完成組裝的作品。

亦適合當作孩子們的隨身包。

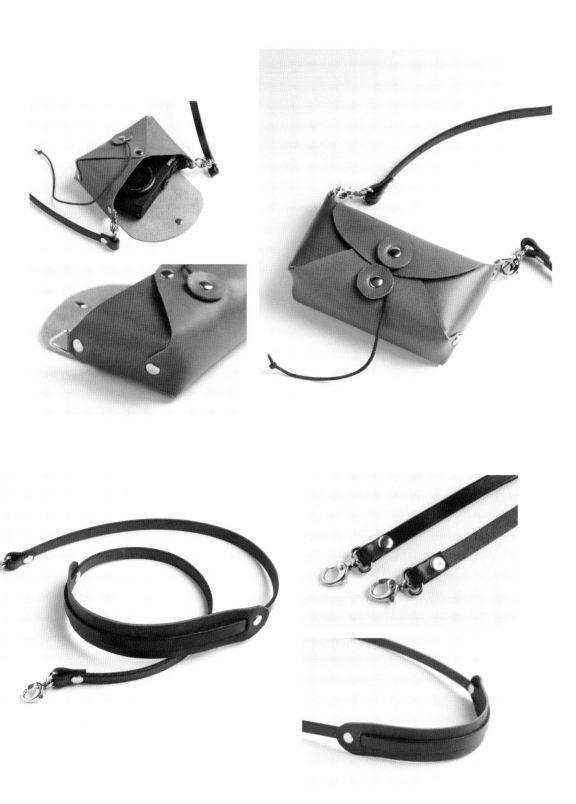

相機包是由一整片皮革摺疊後組裝而成,結構非常獨特。重點是,頸掛式背帶的墊肩部位是在背帶彎成曲線的狀態下安裝。

紙型 Pattern

●皮革……相機包：植鞣牛皮（厚1.5～1.8mm）
　　　　頸掛式背帶墊肩：植鞣牛皮（厚約2.0mm）

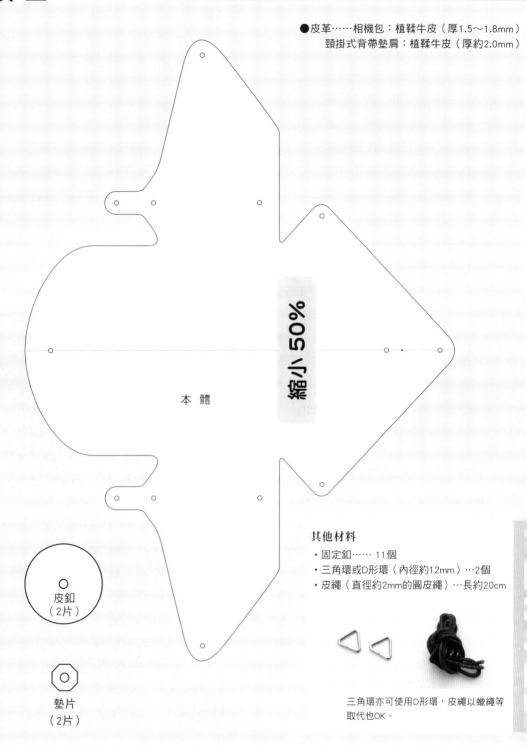

縮小 50%

本 體

皮釦
（2片）

墊片
（2片）

其他材料

- 固定釦…… 11個
- 三角環或D形環（內徑約12mm）…2個
- 皮繩（直徑約2mm的圓皮繩）…長約20cm

三角環亦可使用D形環，皮繩以蠟繩等
取代也OK。

※未註記的圓孔為8號（2.4mm）。

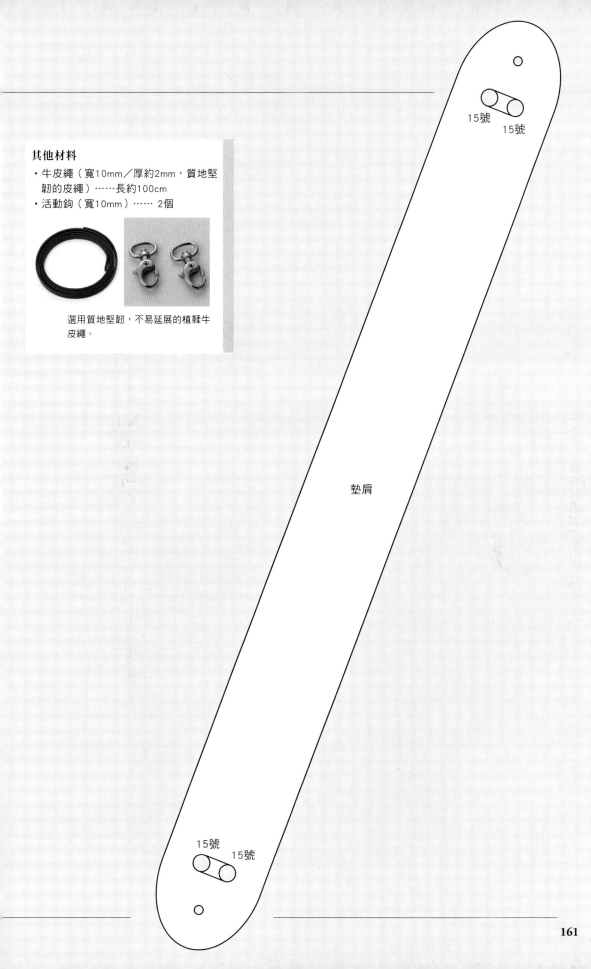

其他材料

- 牛皮繩（寬10mm／厚約2mm，質地堅韌的皮繩）……長約100cm
- 活動鉤（寬10mm）…… 2個

選用質地堅韌，不易延展的植鞣牛皮繩。

15號

15號

墊肩

15號　15號

組 裝 Assembly

步 驟 相機包

1. 依紙型裁切皮料。組裝後墊片會被遮住，因此未利用紙型裁切成正確的形狀也無妨。

2. 將圓錐抵在紙型上的「皮繩安裝位置」，鑽上可穿過皮繩的孔洞。

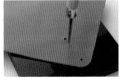 

3. 將皮繩穿過孔洞，穿出皮料背面後打結固定住。

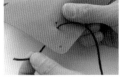 

4. 由皮料背面，將固定釦插入旁邊的孔洞，釦腳穿出皮料正面後套上墊片。

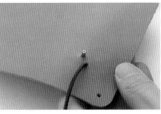

5. 套好墊片後套上皮釦，接著蓋上固定釦的面釦。

6. 敲打釦斬以安裝固定住固定釦。

7. 將三角環套入兩側的凸出部位後摺起皮料，將固定釦插入孔洞後固定住。

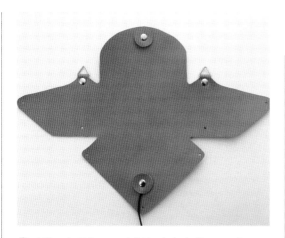

8 安裝三角環後，分別重疊下部相鄰的孔洞，插入固定釦後安裝固定，安裝後漸漸形成立體狀態。

9 處理此部分時，不從皮料正面敲打，而是將釦斬抵住皮料背面後敲打固定。另一側也以相同要領完成固定。

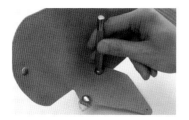

10 兩側的翅膀狀部位朝著中央摺疊，重疊中央下部的孔洞後，插入固定釦。皮料背面擺放環狀台（環狀台底下墊著零頭皮料作為緩衝，以免損傷本體）。

11 敲打釦斬後安裝固定。

12 蓋上包蓋，將皮繩纏在皮釦上，並修剪成適當長度。將皮繩尾端打結。

步驟 頸掛式背帶

① 依紙型裁切皮料。希望背帶套掛在頸部後，相機位於胸前的適當位置，依此算出背帶長度，再加上50mm後裁切皮料。

② 以美工刀切割相鄰的15號（4.5mm）圓孔，切成長形孔。

③ 將背帶穿過其中一側的長形孔，穿出皮革正面後，再穿回另一側的長形孔。

④ 在對齊背帶與墊肩中央部位的狀態下，將墊肩端部的圓孔位置描在背帶上。

⑤ 在墊肩微微地形成弧度的狀態下，描畫另一側的圓孔位置。

⑥ 以直尺確認步驟④與⑤作的記號，確實位於背帶的中央（偏離位置時重新作記號）。將8號（2.4mm）圓斬抵在該位置後斬打孔洞。

⑦ 對齊斬打的孔洞與墊肩上的孔洞後，插入固定釦的底釦。

⑧ 釦腳穿出皮料正面後蓋上面釦，敲打釦斬以安裝固定。墊肩的另一側也以相同要領，將背帶安裝固定住。

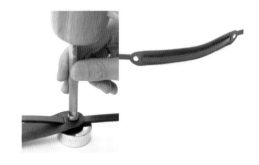

⑨ 將8號圓斬抵在距離端部6mm處後斬打圓孔，套入活動鉤後，摺起端部。摺起端部後適度調整，以免摺疊部位內側的空隙超過必要限度。調整為活動鉤可自由活動的狀態。

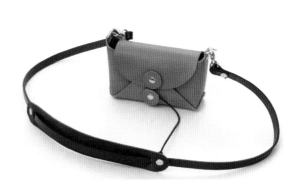

⑩ 作記號標出重疊端部的孔洞位置後，同樣以8號圓斬打上圓孔。

⑪ 背帶的另一端也描畫圓孔位置，兩側都打上圓孔。

⑫ 將活動鉤套在背帶上，以固定釦固定住端部。

Advice

本體紙型的形狀非常獨特，但組裝方法很簡單，只要安裝固定釦至相對應的孔洞，即可構成包包形狀。使用皮料太軟時，易因包包變形而無法安全地收納相機，因此建議選用張力適中的皮革。頸掛式背帶無法調節長度，因此裁切皮料時必須慎重考量實際的使用狀況。

Tote Bag
托特包

著重實用性，
形狀道地的托特包。
可完全收納橫放的A4文件，
還裝上了內口袋。
只以固定釦完成組裝，
但形狀的正規程度絕對超乎想像。

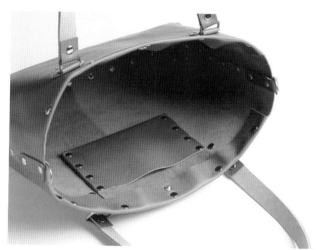

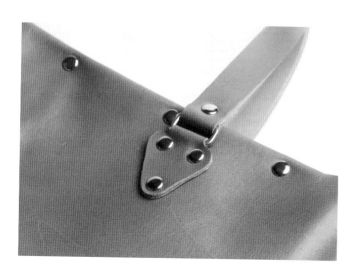

包口往內摺並以固定釦安裝固定，非常堅固耐用的
包包。其中一側安裝內口袋。重疊兩側邊與包底的
邊端，以固定釦安裝固定後，即完成包身部位的組
裝。

紙 型 _Pattern_

●皮革……提把：植鞣牛皮（厚約2.0mm）
其他：植鞣牛皮（厚1.5～1.8mm）

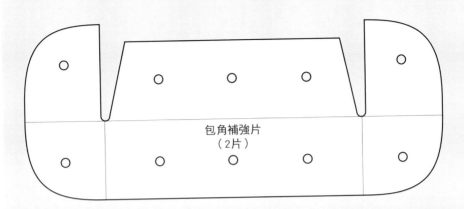

包角補強片
（2片）

D形環固定片
（2片）

提把固定片
（4片）

※未註記的圓孔為8號（2.4mm）。

其他材料

- 固定釦…… 66個
- 彈簧釦…… 1個
- D形環（內徑16mm）… 2個
- 方形環（內徑21mm）… 4個
※方形環係指方形的金屬配件。

內口袋

縮小 50%

提把 21 × 600mm（2條）

※「包身」紙型請見卷末附錄背面。

步 驟

① 依紙型裁切皮料。提把部分沒有紙型，必須另外裁
切2條寬21mm，長600mm的皮料。

② 由摺線處摺疊內口袋皮料，摺成可對齊孔洞位置的
狀態，以木槌敲打摺疊處，確實地處理出摺痕。

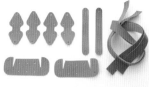

③ 兩側的孔洞都插入固定釦後，安裝固定成袋狀。

④ 接著處理包身部位。將其中一片包身中央上部的彈
簧釦安裝孔，插入公釦與腳管安裝固定住。安裝後
公釦位於皮料正面。

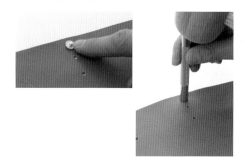

⑤ 於另一片包身的相同位置插入彈簧與面釦。安裝後
彈簧位於皮料正面。

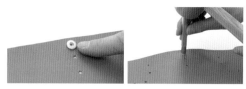
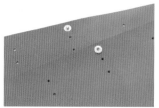

⑥ 安裝彈簧釦後，朝著內側反摺凸出的上方部位，然
後微微地處理出摺痕。

7 提把皮料的端部套上方形環後，瞄準固定釦的安裝位置，以8號（2.4mm）圓斬打上孔洞。

8 將固定釦插入該孔洞後安裝固定，將方形環安裝在提把端部。

9 提把兩端安裝方形環後的狀態。另一條提把也以相同要領安裝方形環。

10 將提把固定片穿過方形環。摺起三角部位，皮料穿過方形環時感覺有點勉強。

11 將固定釦插入包身皮料上「提把固定片組裝位置」的孔洞，將固定片組裝在皮料正面後，蓋上固定釦的面釦。

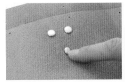

12 敲打釦斬，安裝固定釦。

13 將固定釦插入包身上部摺疊處附近的孔洞。

14 處理其中一側的包口時，將內口袋上端夾入摺疊處。此時，口袋上部的孔洞也插入固定釦。

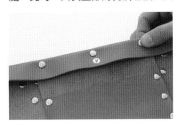

⑮ 兩側包身安裝提把，且包口部位摺入後的狀態。

⑯ 重疊包身底部的一整排孔洞後，以固定釦安裝固定，至於並排在兩端皮料邊緣上的五個孔洞，也插入固定釦的底釦。

⑰ 釦腳穿出皮料正面後，對齊並排在包角補強片上的五個孔洞並套上補強片。接著套上面釦，敲打釦斬固定住釦件。包底的一整排孔洞也依序安裝固定。

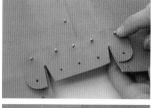 

⑱ 將包身、包底皮料都往中心摺疊後，壓扁位於包底兩個邊角的接合部位，調整包角的形狀。

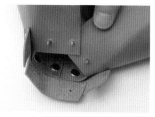

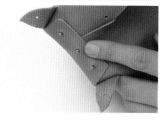

⑲ 包角補強片朝上摺疊，然後將固定釦分別插入對應的孔洞。

⑳ 敲打釦斬後固定住。

 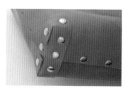

㉑ 兩側邊由下往上，左右交互地依序安裝固定。若是先安裝完其中一側至最上方，就會因為空間縮小，而使另一側的斬打固定作業更難以進行。

㉒ D形環固定片必須組裝在上方算起第二個孔洞，因此先套入D形環，插入固定釦的底釦。

㉓ D形環固定片夾住包身上端進行組裝。

㉔ 敲打釦斬以鉚合固定釦，固定住D形環固定片與包身。

Advice

作品較大，作法看起來很困難，事實上使用固定釦就能完成組裝，確實遵照步驟，任何人都能駕馭。只有提把部分使用比較厚的皮料，建議選用堅固耐用又不容易延展的皮革。組裝時，皮革漸漸地形成立體狀態而越來越不容易支撐，請人幫忙支撐包身，可使處理作業更順利地進行。

INDIAN

慢縫細活

IN LOVE WITH
LEATHER CRAFT

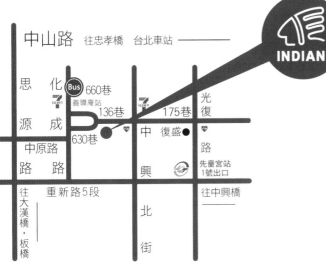

LEATHER CRAFT
印地安皮革創意工場
www.indiandiy.com

TITLE

生活風免縫皮革雜貨

STAFF

ORIGINAL JAPANESE EDITION STAFF

出版　　　三悦文化圖書事業有限公司
編著　　　STUDIO TAC CREATIVE
譯者　　　林麗秀

PHOTOGRAPHER　　梶原　崇　Takashi Kajiwara
　　　　　　　　　　小峰秀世　Hideyo Komine

總編輯　　　郭湘齡
責任編輯　　蔣詩綺
文字編輯　　黃美玉　徐承義
美術編輯　　孫慧琪
排版　　　　靜思個人工作室
製版　　　　明宏彩色照相製版股份有限公司
印刷　　　　皇甫彩藝印刷股份有限公司

法律顧問　　經兆國際法律事務所　黃沛聲律師

戶名　　　　瑞昇文化事業股份有限公司
劃撥帳號　　19598343
地址　　　　新北市中和區景平路464巷2弄1-4號
電話　　　　(02)2945-3191
傳真　　　　(02)2945-3190
網址　　　　www.rising-books.com.tw
Mail　　　　deepblue@rising-books.com.tw

初版日期　　2017年12月
定價　　　　400元

國家圖書館出版品預行編目資料

生活風免縫皮革雜貨 / Studio Tac
Creative編著；林麗秀譯. -- 初版. -- 新北
市：三悦文化圖書, 2017.12
176面；18.2 x 25.7 公分
ISBN 978-986-95527-3-8(平裝)

1.皮革 2.手工藝

426.65　　　　　　　　106021470

●皮革……植鞣牛皮（厚約1.5mm

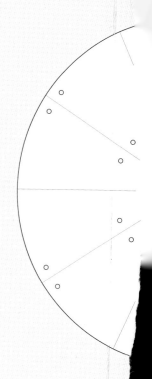

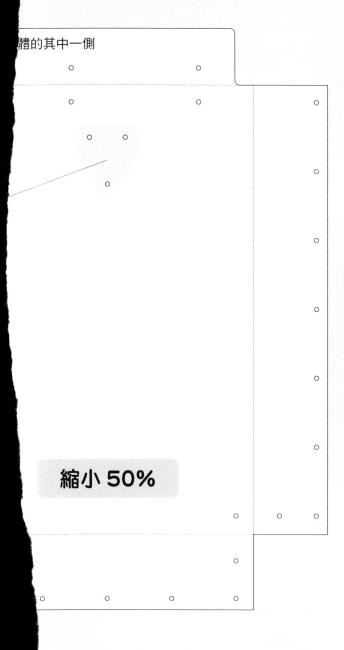

體的其中一側

縮小 50%

紙 型
托特包（p.166）

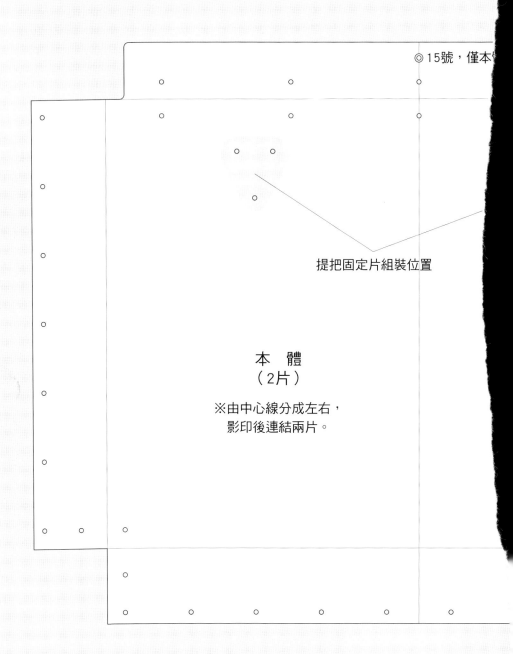

◎ 15號，僅本

提把固定片組裝位置

本　體
（2片）

※由中心線分成左右，
影印後連結兩片。

●皮革……植鞣牛皮（厚1.5～1.8mm）

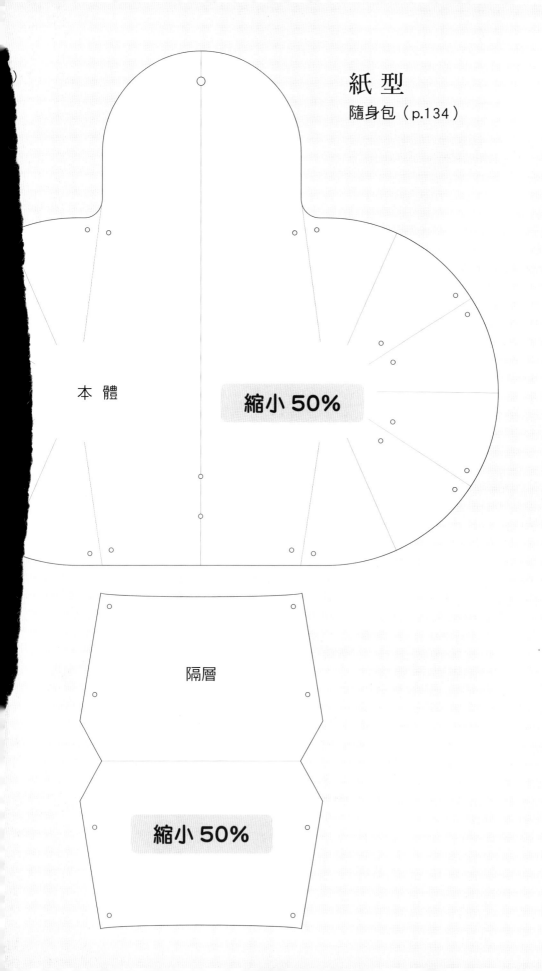

紙 型
隨身包（p.134）

本 體

縮小 50%

縮小 50%

隔層